放射性的科学认知

蔡福龙 于 涛 纪建达 黄德坤 编著

海洋出版社

2020年·北京

内容简介

本书涉及海洋生态学、核科学相关内容。书中介绍了放射性的产生和来源、与放射性密切相关的海洋生态系统的结构和功能、放射性对海洋生态系统的影响，以及放射性在海洋研究和核电、核医学、辐照加工、工业探伤等领域的应用，揭示了放射性对人类和海洋生态的利与弊，有助于读者科学认识放射性。

本书适合相关研究人员、中学及以上学历学生，以及对放射性和海洋放射生态领域感兴趣的广大读者参考阅读。

图书在版编目（CIP）数据

放射性的科学认知 / 蔡福龙等编著. — 北京：海洋出版社，2020.9
ISBN 978-7-5210-0652-0

Ⅰ. ①放… Ⅱ. ①蔡… Ⅲ. ①海洋生态学－放射生态学 Ⅳ. ①Q178.53

中国版本图书馆CIP数据核字(2020)第181842号

责任编辑：杨传霞
责任印制：赵麟苏

海洋出版社 出版发行
http://www.oceanpress.com.cn
北京市海淀区大慧寺路 8 号　　邮编：100081
中煤（北京）印务有限公司印刷　　新华书店北京发行所经销
2020年9月第1版　　2020年12月第1次印刷
开本：787mm×1092mm　　1/16　　印张：8.25
字数：130千字　　定价：98.00元
发行部：62132549　　邮购部：68038093
海洋版图书印、装错误可随时退换

作者简介

蔡福龙 自然资源部第三海洋研究所研究员，享受国务院政府特殊津贴。从事海洋放射生态学研究与教学近 60 年，曾任国际原子能机构中国海洋核科学研究协调员，原国家环境保护部、国家核安全局的核安全与环境专家委员会委员。出版专著《放射性污染与海洋生物》《核电站邻近海域辐射影响评价》《海洋放射生态学》，译著《近岸水域生态学》，主编科普著作《海洋生物活性物质——潜力与开发》。

于 涛 自然资源部第三海洋研究所研究员，博士。从事海洋科学研究逾 20 年，主要致力于海洋生态风险评估、海洋环境放射化学、海洋资源空间规划等领域的研究工作。

纪建达 自然资源部第三海洋研究所助理研究员，博士。长期从事海洋放射生态学研究，主要开展海洋生物辐射效应、核素生物富集与辐射安全评估等方面的研究工作。

黄德坤 自然资源部第三海洋研究所副研究员，博士。长期从事环境放射化学的基础应用研究，主要开展海洋环境放射性监测技术、海洋环境监测与环境质量评估和同位素海洋学等方面的研究工作。

前　言

　　45 亿年前宇宙大爆炸形成了地球，也导致放射性的产生。距今 30 亿年前在海洋里有了生命起源，经过漫长的岁月，从有机质开始到单细胞生物、多细胞生物，逐渐演变进化为各种高等海洋生物，随着生物种类、种群、群落的变化，它们在海洋里相互依存又相互制约，也就形成了海洋生态系统。因此，放射性与海洋生态系统就是一对同胞兄弟，共同生活至少 20 亿年。海洋生物是在放射性的陪伴下，生长、发育、繁衍至今，长盛不衰。

　　虽然放射性在自然界始终存在，但人类却并不认识它，直到 1896 年，法国物理学家贝可勒尔在对一种荧光物质（硫酸钾铀）进行实验时才发现了天然放射性。从此之后，放射性即原子能开始逐渐为人类所用。不幸的是，人类利用原子能却是从为战争服务的核爆试验开始的，如 1945 年美国对日本投掷原子弹，在紧接着的 12 年间在马绍尔群岛进行了高达 67 次核爆试验，差点毁掉一个国家。令人欣慰的是，至今核技术的和平利用成果已经走入千家万户。据世界核能协会数据，截至 2018 年 1 月，世界有 30 个国家和地区共计 440 台核电机组发电，占全球总发电量的 11%，在建的也有 50 台机组。我国大陆已建成运行有 48 台、在建有 10 台（数据来自 IAEA PRIS 数据库，时间截至 2019 年 12 月 8 日），且都建在沿海一带，我国已发展成为世界核能大国。核能发电不但是一种安全、清洁的能源，而且对于克服温室效应、降低空气中 PM2.5、做好环境保护是一件重要的利器；随着核能发展，它能进一步满足社会、经济发展的需求。然而，这些建在沿海的核电站对海洋生态系统有何影响，这是社会大众不断提出的问题。此外，核技术在食品、医疗、科研和工业等领域也得到广泛应用，比如，辐照加工业的兴起，许多饮食与应用的商品都得到有效的安全保障，包括可以杀虫灭菌、提高商品价值，从而有利于社会大众的健康。在对人类疾病的诊断、医疗方面，人们普遍关心的一些疑难杂症在此之前未能做到早期诊断与治疗，自从引进核技术的医疗器械、设备后，相关问题得到了逐步解决，这为医生的诊断、治疗做出重要的贡献。在科学研究上的应用更多，包括利用碳 14 研究森林、海洋等植被吸收大气二氧化碳的状况，利用核素研究泥沙在近海的输运、考古年代测定以及在海洋工程、疏通航道中必须掌握的泥沙沉积速度，等等。工业方面，射线探伤则保障了工业、交通、航天等领域能够安全生产与运行。

总之，目前广大的社会大众都享受着原子能技术和平利用的红利。可是，核技术应用的知识却鲜为人知；相反，谈核色变的恐惧阴影在相当多的社会大众心里仍然挥之不去。

可以说，放射性是一把双刃剑。一方面它具有破坏性、危害性；另一方面它却具有可驾驭性、可利用性。本书涉及海洋生态学、核科学相关的内容。书中讲述了放射性的产生和来源、与放射性密切相关的海洋生态系统的结构和功能、放射性对海洋生态系统的影响，以及核技术在能源、科研、辐照加工、核医学、工业探伤等方面的应用，揭示了放射性对人类和海洋生态的利与弊。该书的出版将为公众普及核技术在海洋生态文明建设与社会经济发展中的科学知识，目的是达到公众在日常生活、工作中面对放射性时能做到善利用享红利、识危害懂防护、不恐慌心安定。

由于作者的水平所限，错漏之处在所难免，恳请广大读者批评、指正！

作　者

2019 年 11 月 20 日

目　录

1 什么是放射性

放射射线看不见、摸不着、嗅不到，它的存在只能借助于仪器进行检测。可以说放射性是无处不在、无时不有。在贯穿地球生命体的整个历史中，生物每时每刻都受到宇宙辐射、宇宙射线与大气作用而产生的放射性元素，以及陆地原始存在的天然放射性元素的照射。在漫长的历史演替中，进化为现存的生物种群，就是在这样的环境下，生长、发育、繁衍后代。值得一提的是，地球中的巨大热量主要是由原生放射性核素及其子体核素的蜕变热量来提供和维持。可以想象，如果没有天然放射性物质，地球形态将会是另一种样子。在 1896 年以后，随着人类对放射性本质的认识和利用，才产生了人工放射性，人工放射性的危害性与它的可利用性逐步被人类掌握，尤其是对原子能的利用，翻开了新的一页。

1.1 放射性的来源

放射性对地球如此重要，与人类关系如此密切，它到底是如何产生的，这是人们好奇的问题。放射性分为天然放射性和人工放射性，它们的产生和来源有着共同的原理，就是核聚变与核裂变。但其产生的形式截然不同，天然放射性是宇宙的天体运动产生爆炸，人工放射性则是通过人类操纵的核反应。

1.1.1 宇宙大爆炸

天然放射性的产生与地球的诞生密不可分，而地球的诞生又必须追溯到宇宙的存在。

关于宇宙的存在有两种观点：一种认为宇宙没有起点也没有终点，它的存在是永恒的；另一种观点认为宇宙是有起点的，这就是"大爆炸宇宙论"。这两种观点在科学界称为主流观点，为绝大多数科学家所能接受。1927 年，比利时天文学家和宇宙学家勒梅特首次提出了宇宙大爆炸假说。该假说的主要观点是认为宇宙曾有一段从热到冷的演化史。在这个时期里，宇宙体系不断地膨胀，使物质密度从密到稀地演化，如同一次规模巨大的爆炸。1946 年，美国物理学家伽莫史进而提出宇宙是由大约 138.2 亿年前发生的大爆炸形成的，这种爆炸不止一次而是多次的，正式提出宇宙起源的大爆炸学说。该理论认为，爆炸之初，物质只能以中子、质子、电子、光子和中微子等基本粒子形态存在；爆炸之后的不断膨胀，导致温度和密度的很快下降；从而逐渐形成原子、原子核、分子并复合成为通常的气体；气体逐渐凝聚成星云，星云进一步形成各种各样的恒星和星系，最终形成如今我们能看到的宇宙。

1.1.2　地球的形成

对地球的形成和演化问题进行系统的科学研究始于 18 世纪中叶，至今已出现多种学说。一般认为地球作为一个行星，起源于 46 亿年前的原始太阳星云。地球和其他行星一样经历了宇宙中的吸积、碰撞这样一些共同的物理演化过程。

形成原始地球的物质主要是星云盘的原始物质，其组成主要是氢（H）和氦（He），而氦就是最早的放射性物质，它们约占原始地球总质量的 98%。此外，还有固体尘埃和太阳系早期收缩演化阶段抛出的物质。在地球形成的过程中，由于物质的分化作用，不断有轻物质随氢和氦等挥发性物质分离出来，并被太阳抛出的物质一起带到太阳系的外部，重物质和土物质凝聚起来逐渐形成了原始的地球。初期形成的地球尚不稳定，经常发生地壳运动（火山爆发）。

1.1.3　宇宙运动的能源及放射性的产生

宇宙天体不断运动的能量主要来自两个途径：①宇宙大爆炸（图 1-1a 和图 1-1b）时释放的能源（Giacobbe，2005）；②宇宙中的天体把能源不断地转化为能量。宇宙中已有的恒星总体趋势是从轻原子向重原子聚变从而释放大量能量。上述两个途径都涉及原子的聚变，即在宇宙的初期都有氢和锂的一系列聚变产生氦气，氦就是放射性物质。在超新星大爆炸中，像氢、锂聚变一样，大原子量的原子，如铁，就会经过多种途径聚变为放射性铀，所以在 45 亿年前地球形成过程中也就形成了放射性铀矿。

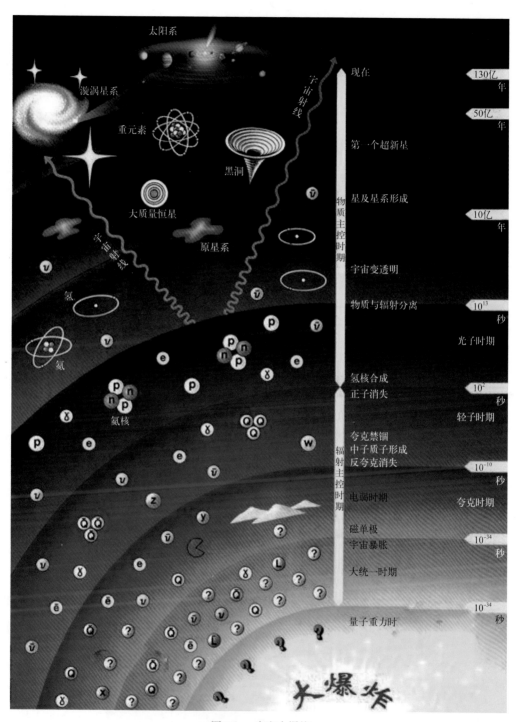

图1-1a 宇宙大爆炸

来源：https://m.baike.so.com/doc/1050275-1110921.html

图1-1b　宇宙大爆炸

来源：https://baike.baidu.com/item/大爆炸宇宙论/7461819?fr=aladdin

1.1.4　放射性的发现

放射性虽然在 45 亿年前地球形成时就产生，可是人类对放射性的认识却是在 1896 年才开始的。当时法国物理学家贝可勒尔在研究铀盐的实验中，首先发现了铀原子核的天然放射性（图 1-2）。铀盐（硫酸钾铀）放出的射线会使空气电离，亦可穿透黑纸使照相底片感光，外界压强和温度等因素的变化不会对实验产生任何影响，这一发现使人们对微观物质结构有了新的认识，由此打开了原子核物理学的大门。

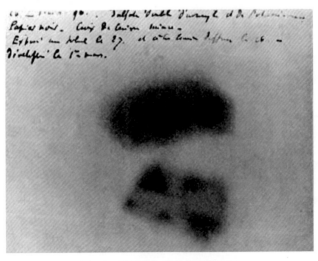

图1-2　贝可勒尔实验发现铀原子

1.2 放射性的特征

1.2.1 核裂变

核裂变是指一个重的原子核分裂成为两个或多个质量为同一量级的碎片并瞬间释放出巨大能量的现象（图 1-3a 至图 1-3d）。原子核裂变具有两种模式：一种是由重原子核自发地裂变并释放出能量；另一种是在中子的轰击下而引发的核裂变，这种模式是人类迄今为止大量释放原子能的手段。原子核的裂变过程能持续地进行下去，称为链式反应。原子核在发生裂变时释放出巨大能量，称为原子核能，俗称原子能。核裂变除了产生巨大能量外，也伴随着射线的产生。

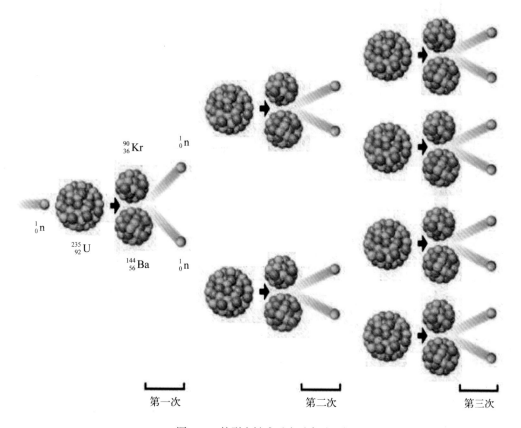

第一次　　　　　　　第二次　　　　　　　第三次

图1-3a　核裂变链式反应示意（一）

来源：http://dy.163.com/v2/article/detail/E2UGGPMP0519KING.html

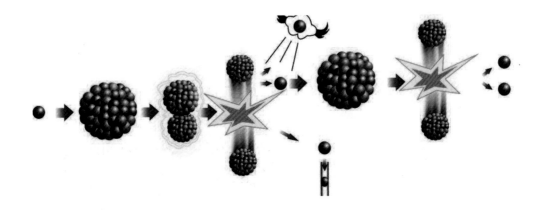

图1-3b　核裂变链式反应示意（二）

来源：http://www.16pic.com/vector/pic_1525917.html

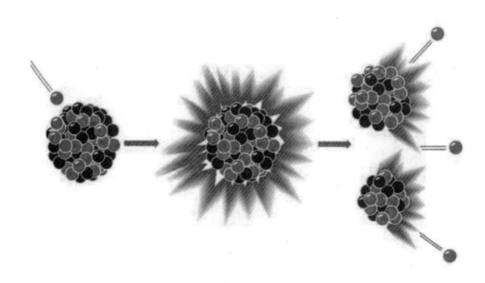

图1-3c　核裂变链式反应示意（三）

来源：https://www.sohu.com/a/230908760_405142

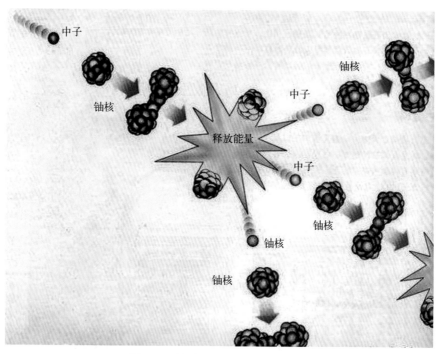

图1-3d 核裂变链式反应示意（四）

来源：https://baike.baidu.com/item/核裂变?from_id=4234639&type=syn&fromtitle=%E9%8D%98%E7%86%B7%E7%93%99%E9%8F%8D%E6%AD%8C%EE%97%87%E9%8D%99&fr=aladdin

1.2.2 核聚变

核聚变是两个轻的物质合二为一变成一个重的物质，例如，氢－2（氘，^2H）和氢－3（氚，^3H）变成氢（图1-4a、图1-4b），并释放出能量，而且比核裂变放出的能量更大，但并不产生射线。

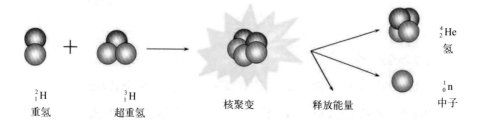

图1-4a 核聚变示意（一）

来源：http://www.sm.gov.cn/zw/ztzl/hdzt/hdzs/201606/t20160629_336667.htm

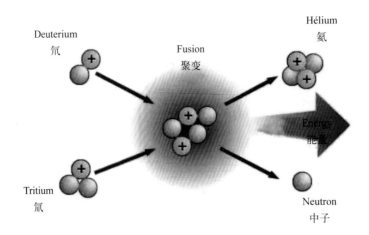

图1-4b　核聚变示意（二）

来源：http://k.sina.com.cn/article_1497087080_593bbc6801900irqc.html

1.2.3　核衰变

核衰变是不稳定原子核自发地放出射线而转变成另一个原子核的过程（图1-5）。例如，氮-16（^{16}N）放出β和γ射线，转变成氧-16（^{16}O）。放射性物质由于衰变，其数量会逐步变少，其减少到原来的一半所需的时间称为半衰期。不同的放射性核素有不同的半衰期，从几秒、几分、几小时、几天、几年、几十年、几千年到几百万年不等。如钾-40的半衰期是12.6亿年，锂-9的半衰期是0.17秒。

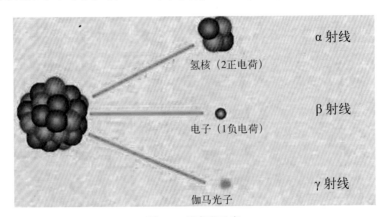

图1-5　核衰变示意

来源：http://k.sina.com.cn/article_2215881863_8413ac8700100iu2b.html

1.2.4 核辐射

核辐射是能量传播的一种形式，一般是以电磁或粒子的形式向外发散。辐射分为两大类，即电离辐射和非电离辐射。电离辐射是一切能引起物质电离的辐射。非电离辐射其射线能量比较低，是不能使物质的原子或分子产生电离的辐射，如紫外线、红外线、激光、微波等。核辐射也就是电离辐射，它是由原子核的结构或能量变迁释放出来的微粒子流。核辐射的射线种类及特征如图1-6所示。

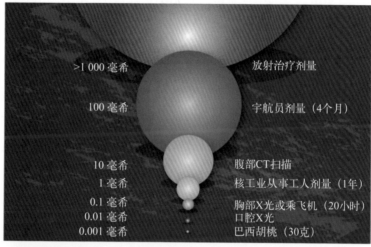

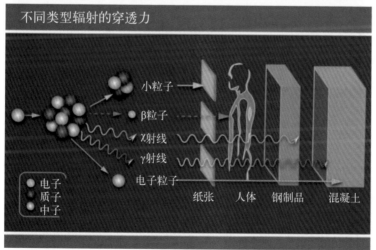

图1-6　不同射线的影响及防护示意图

来源：United Nations Environment Programme, Radiation: effects and sources, 2016

1.2.4.1 α射线

α射线亦称α粒子束，是高速运动的氦原子核，α粒子由两个质子和两个中子组成，是带正电的重粒子。它质量很大，速度较慢，在被照射物质中单位长度路径上滞留时间较长，产生的电离密度很大。α粒子穿透能力很弱，作为外照射很容易防护，因为在空气中无阻挡只能穿行约30毫米，但因其通量低一张纸就能将其挡住。一旦食（吸）入体内产生内照射就很危险，在生物组织中射程约0.04毫米，因为电离密度大，对机体组织的损伤就大，故内照射是防护的重点。

1.2.4.2 β射线

β射线是指高速运动的电子流，其速度可达光速的99%，贯穿能力很强，在空气中穿行几米远，电离作用弱。对人体表面的裸露器官（皮肤、眼睛）构成外照射损伤，在生物组织中射程约5毫米，所以对β射线的内、外照射的危险都不可忽视。

对β射线的防护材料是轻元素材料，如有机玻璃。对于能量大的β射线，如磷-32，切忌用铅等重元素作为防护材料，因为能量大的β射线打到重元素上会发生韧致辐射，即具有高能量的带电粒子急剧减速时发出的电磁辐射，而产生γ射线。

1.2.4.3 γ射线

γ射线没有质量，也不带电，是原子核能量跃迁蜕变时释放出的射线，是波长短于0.01埃的电磁波。γ射线有很强的穿透力，工业中可用于探伤或流水线的自动控制。γ射线对细胞有杀伤力，医疗上用来治疗肿瘤，也用于各种食品与用品的杀菌消毒。

γ射线在空气中能穿行十几米，对近的和较远的物体都能造成危害，其防护材料为重元素材料，如铅、钢筋水泥。

1.3 放射性与辐射量的常用单位

1.3.1 贝可勒尔（Bq）

贝可勒尔（Bq）是放射性活度的单位，代表放射性物质的含量（称量），中文符号为贝可。处于某一特定能态的放射性物质在单位时间内发生衰变的数目叫放射性活度，亦即代表放射性物质数量的多少。文献中常有出现较大的单位：TBq，即太贝可（10^{12} 贝可）；PBq，即拍贝可（10^{15} 贝可）。

1.3.2　戈瑞（Gy）

戈瑞（Gy）是吸收剂量的单位，指单位质量物质接收的电离辐射平均能量，中文符号为戈。它是描述电离辐射能量的量。1 戈表示 1 千克物质吸收 1 焦所需的辐射量。1 焦的能量等于 1 瓦的灯泡正常发光所需的能量。戈瑞是千进制，即 1 戈 = 1 000 毫戈（mGy），1 毫戈 = 1 000 微戈（μGy）。

1.3.3　毫希沃特（mSv）

希沃特（Sv）是辐射剂量的基本单位之一，中文符号为希。由于希沃特是个非常大的单位，因此通常使用毫希沃特（mSv）。希沃特是用于人类预防射线的量值单位，即剂量当量。与上述吸收剂量不同的是，必须考虑到射线的不同类型、不同的作用空间与时间所产生的生物效应差异，所以把吸收剂量乘上修正因素、品质因素，得到剂量当量。希沃特是千进制，即 1 希 = 1 000 毫希（mSv），1 毫希 = 1 000 微希（μSv）。

1.4　四大放射系

1.4.1　三大自然放射系

放射系是重要放射性核素的依次衰变系列。存在于地壳中的三大天然放射系有钍系（^{232}Th 系）、铀系（^{238}U 系）和锕系（^{235}Ac 系）。

1.4.1.1　钍（Th）系

天然钍放射系的起始核素为钍－232（$^{232}_{90}$Th），经过 6 次 α 衰变和 4 次 β 衰变，最后成为稳定核素铅－208（$^{208}_{82}$Pb）。衰变链（图 1-7）如下：232 $\xrightarrow{\alpha}$ 镭（Ra）228 $\xrightarrow{\beta}$ 锕（Ac）228 $\xrightarrow{\beta}$ 钍（Th）228 $\xrightarrow{\alpha}$ 镭（Ra）224 $\xrightarrow{\alpha}$ 氡（Rn）

$$220 \xrightarrow{\alpha} 钋（Po）216 \xrightarrow{\alpha} 铅（Pb）212 \xrightarrow{\beta} 铋（Bi）212 \begin{cases} \xrightarrow{\alpha} 钋（Pa）212 \\ \xrightarrow{\beta} 铊（Tl）208 \end{cases}$$
$$\xrightarrow{\alpha} 铅（Pb）208。$$

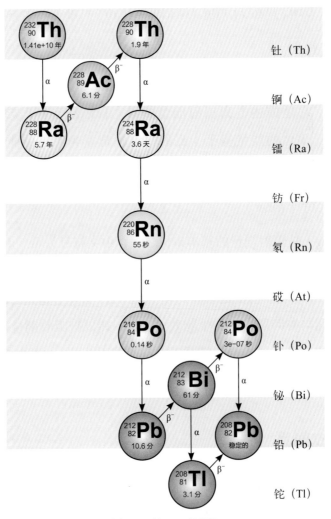

图1-7 钍-232衰变链

来源：http://metadata.berkeley.edu/nuclear-forensics/Decay%20Chains.html

1.4.1.2 铀（U）系

天然铀放射系的起始核素为铀 – 238（$^{238}_{92}U$），经过 8 次 α 衰变和 6 次 β 衰变，最终成为稳定核素铅 – 206（$^{206}_{82}Pb$）。衰变链（图 1–8）如下：铀（U）238 $\xrightarrow{\alpha}$

钍（Th）234 $\xrightarrow{\beta}$ 镤（Pa）234m $\xrightarrow{\beta}$ 铀（U）234 $\xrightarrow{\alpha}$ 钍（Th）230 $\xrightarrow{\alpha}$ 镭（Ra）226 $\xrightarrow{\alpha}$ 氡（Rn）222 $\xrightarrow{\alpha}$ 钋（Po）218 $\xrightarrow{\alpha}$ 铅（Pb）214 $\xrightarrow{\beta}$ 铋（Bi）214 $\xrightarrow{\beta}$ 钋（Po）214 $\xrightarrow{\alpha}$ 铅（Pb）210 $\longrightarrow$ 铋（Bi）210 $\longrightarrow$ 钋（Po）210 $\xrightarrow{\alpha}$ 铅（Pb）206。

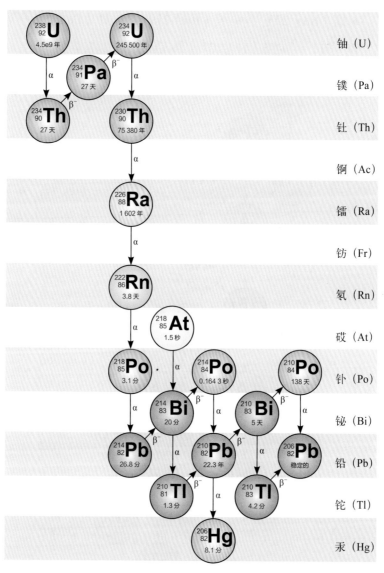

图1-8　铀238衰变链

来源：http://metadata.berkeley.edu/nuclear-forensics/Decay%20Chains.html

1.4.1.3 锕（Ac）系

天然锕放射系的起始核素为铀－235 $\left({}^{235}_{92}U\right)$，故亦称锕铀系，经过 7 次 α 衰变和 4 次 β 衰变，最终称为稳定的核素铅－207 $\left({}^{207}_{82}Pb\right)$。衰变链（图 1-9）如下：铀（U）235 $\xrightarrow{\alpha}$ 钍（Th）231 $\xrightarrow{\beta}$ 镤（Pa）231 $\xrightarrow{\alpha}$ 锕（Ac）227 $\xrightarrow{\beta}$ 钍（Th）227 $\xrightarrow{\alpha}$ 镭（Ra）223 $\xrightarrow{\alpha}$ 氡（Rn）219 $\xrightarrow{\alpha}$ 钋（Po）215 $\xrightarrow{\alpha}$ 铅（Pb）211 $\xrightarrow{\beta}$ 铋（Bi）211 $\xrightarrow{\alpha}$ 铊（Tl）207 $\xrightarrow{\beta}$ 铅（Pb）207。

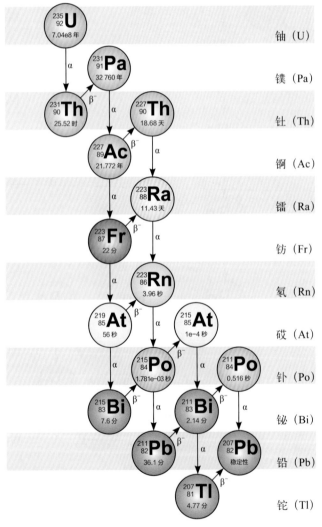

图1-9　锕（Ac）和铀（U）235衰变链

来源：http://metadata.berkeley.edu/nuclear-forensics/Decay%20Chains.html

1.4.2 人工放射系

由放射性的人工合成发现了镎（Np）系人工放射系，它的起初核素是钚 –
241（$^{241}_{94}Pu$）。经过13次连续衰变，包括8次α衰变和5次的β衰变，最终由半
衰期为3.25时的铅同位素铅（Pb）209衰变后得到铋（Bi）209。其中，镎（Np）
237的半衰期最长（214.5万年），其衰变链如图1–10所示。

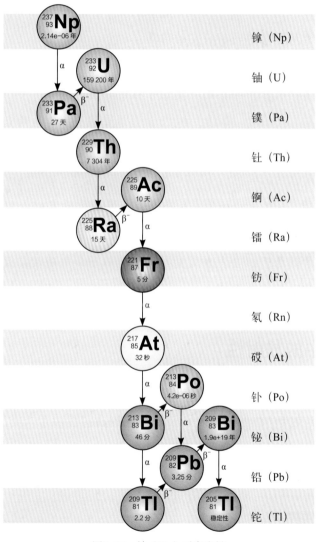

图1-10　镎（Np）系衰变链

来源：http://metadata.berkeley.edu/nuclear−forensics/Decay%20Chains.html

由于人工放射性的应用，有些裂变的碎片亦可依递次衰变组成不同的小衰变系。

在介绍放射性核素的知识时，会涉及某些容易混淆的名词，在此顺便加以区分：

（1）化学元素

具有相同核内质子数的一类原子总数，例如，钴（Co）、铁（Fe）、氧（O）等，它们在元素周期表都具有特定的位置。

（2）核素、同位素

具有一定质子数和中子数的一类原子核所对应的原子，一个原子就是一个核素，例如：碳（C）12、碳13、碳14就是3个核素；这些核素都是具有相同的质子数、不同质量数的同一种元素的不同核素。这些核素互为同位素，又如氕、氘、氚也是互为同位素。

目前已发现2 000多种核素。其中有300多种是稳定的，其余能自发衰变成其他核素的、不稳定的核素称为放射性核素，天然放射性核素有300多种。

放射性核素的原子核自发衰变发射出微观粒子和电磁波，最终演变成稳定核素，这个现象称为核辐射。

1.5　海洋中的放射性

就陆地和海洋而言，放射性物质的理化特性相同，同样存在几个放射系，只要是放射性核素及其存在形式有差别。陆地上的放射性由于人类的生产活动总会造成流失，通过大气沉降、陆地径流最终汇入海洋，故对于海洋中的放射性就有必要较深入地了解。

1.5.1　天然放射性核素

海洋面积约占地球表面积的71%。自古以来，在地球的运动变迁过程中，沧海桑田，原来的陆地可能变成了海洋，而海洋又变成了陆地。所以，陆地与海洋的放射性是相互交替的，都是在地壳的运动中变换。广义的理解，海底也是地壳的一部分。所以，目前海洋中天然放射性就难于有单一的来源。就现代而言，海洋中的天然放射性来源有大气的沉降（主要是氚）和陆地的径流；海水中的天然放射性就来自于大气与海水界面的交换。

1.5.1.1 海洋中铀（U）的同位素

海水中可探测到的铀元素同位素有铀-238、铀-235、铀-234。铀-238和铀-235分别是天然铀和锕放射系的起始核素，而铀-234是铀-238经过衰变的中间核素镤-234衰变产生的。它们含量的占比为，铀-238占99.273 9%，铀-235占0.720 5%，铀-234占0.005 6%。

大洋水中的铀-238含量如表1-1所示。

表1-1　大洋水中的铀-238含量

海域	铀含量/(毫克/升)		^{238}U 含量/(贝可/米^3)		$^{234}U/^{238}U$ 活度比		U/S
	范围	平均	范围	平均	范围	平均	(10^{-8}克/克)
北太平洋、北大西洋、墨西哥湾	3.21 ~ 3.60	3.39	39.9 ~ 44.8	42.2			
印度洋	1.4 ~ 3.4	2.2	17.4 ~ 42.3	27.4			
西北太平洋	1.5 ~ 4.7	3.3	18.7 ~ 58.5	41.1			
北大西洋		3.7		46.0			
西北太平洋	2.6 ~ 3.7	3.3	32.4 ~ 46.0	41.1			9.34 ± 0.56
西北太平洋与日本海	2.40 ~ 3.78	3.4	29.9 ~ 47.0	42.3		1.15	
大西洋	3.14 ~ 3.59	3.35 ± 0.10	38.9 ~ 44.5	41.5	1.10 ~ 1.18	1.14 ± 0.02	
太平洋	3.18 ~ 3.55	3.37 ± 0.13	39.4 ~ 44.0	41.8	1.12 ~ 1.14	1.13 ± 0.01	
北冰洋	2.93 ~ 3.49	3.43 ± 0.04	36.3 ~ 43.3	42.5	1.13 ~ 1.16	1.15 ± 0.01	
南大洋	3.05 ~ 3.32	3.27 ± 0.05	37.8 ~ 41.2	40.5	1.12 ~ 1.18	1.14 ± 0.01	
太平洋表层水	2.96 ~ 4.09	3.38 ± 0.20	36.7 ~ 50.5	41.9			
太平洋深层水	2.82 ~ 5.90	3.40 ± 0.30	35.0 ~ 73.2	42.2	1.02 ~ 1.28	1.14 ± 0.04	

注：摘自刘广山（2010）。

一些边缘海与沿岸海域和不同河口铀－238 含量如表1-2 和表1-3 所示。

表1-2　一些边缘海域与沿岸海域铀-238含量

海域	铀含量/（微克/升）		^{238}U 含量/（贝可/米^3）	
	范围	平均	范围	平均
鄂霍次克海	2.88 ~ 3.12	2.99	35.8 ~ 38.8	37.2
日本海	3.23 ~ 3.45	3.38	40.2 ~ 42.9	42.1
西北太平洋与日本海	2.40 ~ 3.78	3.40	29.9 ~ 47.0	42.3
比开斯湾与英吉利海峡	3.20 ~ 3.60	3.30	39.8 ~ 44.8	41.1
美国沿岸	0.98 ~ 4.50	1.80	12.2 ~ 56.0	22.4
阿拉伯海沿岸	2.70 ~ 3.00	2.80	33.6 ~ 37.2	34.8
墨西哥湾沿岸	2.10 ~ 17.3?	3.50	26.1 ~ 215.4	43.6
墨西哥湾	3.40 ~ 3.60		42.3 ~ 44.8	
北太平洋、北大西洋、墨西哥湾	3.21 ~ 3.60	3.39	39.9 ~ 44.8	42.2
日本海沿岸	3.28 ~ 3.48	3.40	40.8 ~ 43.3	42.3
总体	0.98 ~ 17.30	3.11	12.2 ~ 215.4	38.7

注：摘自刘广山（2010）。

表1-3　不同河口铀-238浓度与盐度的关系

河口	相关系数 R^2
密西西比河	0.994
九龙江河口夏季	0.984
九龙江河口冬季	0.981
九龙江河口	0.945
珠江口	0.952

注：摘自刘广山（2010）。

1.5.1.2　海洋中钍（Th）的同位素

海水中钍同位素有钍－227、钍－228、钍－230、钍－232 和钍－234。就含量而言，以钍－232 为主，其余核素的含量极低。钍－232 是天然钍放射系的起始核素。其余钍－228、钍－230、钍－234，则分别由镭－228、铀－234、铀－238、铀－235 直接衰变或经过短半衰期的中间子体衰变产生的，均已在海洋学研究中得到应用。大洋中钍－232 和钍－230 的含量如表1-4 所示。

表1-4 大洋水的^{232}Th、^{230}Th和^{231}Pa（镁）

海域	水深/米	^{232}Th		^{230}Th	^{231}Pa	^{230}Th/^{231}Pa
		（微克/米^3）	（10^{-3}贝可/米^3）	（10^{-3}贝可/米^3）	（10^{-3}贝可/米^3）	活度比
北大西洋	表层	0.64 ± 0.20	2.84 ± 0.87	7.33 ± 1.83	2.17 ± 2.17	3.56
	4 500	4.50 ± 0.80	20.0 ± 3.56	26.7 ± 3.73		
加勒比海	表层	0.64 ± 0.20	2.84 ± 0.87	7.17 ± 1.83		
	800	0.36 ± 0.17	1.60 ± 0.75	5.17 ± 2.00	3.67 ± 4.00	1.37
北太平洋	表层	0.33 ± 0.04	1.60 ± 0.17	9.17 ± 1.67		
	2 500	0.20 ± 0.04	0.87 ± 0.17	26.70 ± 5.00		
	2 500	0.65 ± 0.09	2.89 ± 0.40	8.67 ± 2.67		
太平洋	表层	1.60	7.12	483	90	5.38
	表层	7.00	31.10	1033		
	1 000 ~ 5 000	4.40	19.60	71.70	<53.3	
	范围	1.00 ~ 7.90	4.45 ~ 35.1	200 ~ 1566		
西北太平洋	表层	2.40	10.60	21.70		
		(0.10 ~ 7.80)	(0.446 ~ 34.7)	(1.50 ~ 53.70)		
	>1 000	6.80	30.30	23.70		
		(0.7 ~ 28)	(3.11 ~ 125)	10 ~ 58.70		
	范围	0.1 ~ 28	0.446 ~ 125	1.50 ~ 1 500	2.17 ~ 90	

注：摘自刘广山（2010）。

1.5.1.3 海洋中镭（Ra）的同位素

海水中可探测到的更具有海洋学研究意义的镭同位素是镭－223、镭－224、镭－226 和镭－228。研究最多的是镭－226，其次是镭－228。海水中的镭同位素主要是由海底沉积物中钍同位素衰变来的，并向上覆水扩散。镭－226 和镭－228 的一个主要来源是河流的输入，其份额占 10%。河水中的镭－226、镭－228

和铀-238浓度如表1-5所示。大洋水中的镭-226含量如表1-6所示。

表1-5　河水中的镭-226、镭-228和铀-238浓度

单位：贝可/米³

河流	²²⁶Ra	²²⁸Ra	²³⁸U
亚马孙河	0.33	0.20	0.52
	0.78 ~ 1.22		
	0.33 ~ 0.83		
密西西比河	1.17		11.70
哈得孙河	1.17		
	0.17 ~ 1.67		
圣劳伦斯河	0.83		
恒河	3.33	2.67	21.7
哥达瓦里河（印度）	0.83		8.50
克里希纳河（印度）	0.83		13.3
萨巴尔马蒂河（印度）	1.50	5.17	43.3
长江	1.83		
长江干流	4.93		12.4
黄河干流	11.80		51.9
珠江干流	6.65		8.56

注：摘自刘广山（2010）。

表1-6　大洋水中镭-226的含量水平

海区	采样层位/米	比活度/（dpm/100 kg）	比活度/（贝可/米³）	
		范围	范围	平均值
太平洋	表层			1.07
东太平洋	0 ~ 4 467	6.50 ~ 42.8	1.10 ~ 7.13	
西太平洋	表层		1.30 ~ 1.40	
大西洋	表层			1.23
西印度洋	0 ~ 5 000	5.80 ~ 30.6	0.97 ~ 5.10	
东印度洋	表层		1.30 ~ 2.28	
总体			0.97 ~ 7.13	

注：dpm是放射性活度单位，即放射性核素在每分钟内发生衰变的原子核的次数。摘自刘广山（2010）。

1.5.1.4　海洋中的铅−210和钋−210

1）海洋中铅−210和钋−210的来源

海洋中铅−210和钋−210的来源如下：陆地土壤和海洋水体中的镭−226衰变产生氡−222并逸出到大气中；大气中的氡−222随气流运动并衰变经过多个子体再连续衰变而产生铅−210；铅−210经铋−210衰变产生钋−210；铅−210和钋−210极易被吸附于气溶胶，并和气溶胶一起运动，通过风浪雨水等海气交换作用从大气中沉降又返回到陆地和海洋。陆地的铅−210也经过河流水体中的颗粒物汇集到海洋。一些地区铅−210的大气沉降通量如表1−7所示。

表1−7　一些地区铅−210的大气沉降通量

研究地区	采样站位	采样时间	月降雨量 /厘米	^{210}Pb/ （贝可·米$^{-2}$·天$^{-1}$）
全球平均值				0.18
学院站	30°35′N	1990 年	8.2	0.36
		1991 年	12.2	0.62
康涅狄格纽黑文	41°N	1977 年 3 月至 1978 年 2 月	10.8	0.55
百慕大	33°N	1977 年 9 月至 1978 年 8 月	14.2	0.32
弗吉尼亚诺福克	36°35′N, 76°18′W	1983 年	11.2	0.36
		1984 年	10.8	0.39
得克萨斯加尔维斯顿	29°18′N	1990 年	8.1	0.31
		1991 年	12.5	0.78
荷兰格罗宁根	53°01′N, 6°35′E	1987—1994 年		0.19
马里兰切萨皮克上游东岸	39°N, 76°W	1995 年 9 月至 1996 年 8 月	10.5	0.36
康斯坦茨湖		1993 年 3 月至 1993 年 12 月	2 ~ 55	0.3
瑞士苏黎世湖		1984—1987 年		0.38
田纳西橡树岭	35°58′N, 84°17′W	1982 年 9 月至 1984 年 10 月		0.48
中国东海沿岸	29°05′N, 121°44′E			0.94

续表

研究地区	采样站位	采样时间	月降雨量 / 厘米	^{210}Pb / （贝可·米$^{-2}$·天$^{-1}$）
北卡罗来纳莫尔黑德	34°37′N，76°33′W			
厦门地区	24°26′N，118°5′E	2001 年 8 月至 2003 年 2 月		0.51
厦门地区	24°26′N，118°5′E	2004 年 3 月至 2004 年 9 月		0.51
青岛地区		2002 年 4 月至 2002 年 11 月		0.32
青岛地区		2004 年 5 月至 2004 年 9 月		0.51
范围值				0.18 ~ 0.94
平均值				0.44

注：摘自刘广山（2010）。

2）大洋表层水中的铅-210 和钋-210

大洋表层水中的铅-210 容量水平随地理位置变化很大。在太平洋，中央表层水中的铅-210 容量最多，向边缘逐渐降低。铅-210 最大的沉降通量出现在北半球。

海洋中铅-210 和钋-210 存在明显比值均衡，表层水中溶解的钋-210 含量比铅-210 少。经常用钋-210 / 铅-210 的比值来代表平衡的变动，典型的比值为 0.6，即钋-210 比铅-210 更快迁离海水而沉降。沉降迁离的时间一般钋-210 为 0.2 ~ 0.7 年，铅-210 为 0.5 ~ 5 年。

海水中浮游生物对钋-210 的吸附比铅-210 多，尤其浮游动物比浮游植物吸附程度更高。有报道，在浮游植物中，两者的比值为 3，而在浮游动物中该比值就为 12。但生物的贝壳对钋-210 和铅-210 吸附的数量正相反，即钋-210 少、铅-210 多。有人认为，钋-210 像营养盐一样在海洋表层水中循环，如果海水中的颗粒物质一旦成为海洋气溶胶悬物组成成分。在浮游动物中钋-210 / 铅-210 比值较高，它可能成为向大气扩散钋-210 的载体。

3）近岸水域中的铅-210 和钋-210

近岸水域中铅-210 的浓度比大洋表层水低，更易沉降迁离，一般而言，

铅 –210 浓度上限为 5.0 贝可 / 米 ^{3}，钋 –210 浓度上限为 3.63 贝可 / 米 ^{3}。

4）铅 –210 和钋 –210 在海水中的垂直分布

在大洋的表层水中钋 –210 / 铅 –210 值小于 1，在 100 ～ 300 米处钋 –210 / 铅 –210 的值大于 1，300 米以深处钋 –210 / 铅 –210 的值等于 1。但在溶解态里该比值为 0.9，在颗粒状态下该比值大于 1。

1.5.1.5 海洋中的气体放射性核素氡 – 222

天然存在的有氡 –219、氡 –220 和氡 –222 三种氡的同位素，分别属于锕系、钍系和铀系，分别为镭 –223、镭 –224 和镭 –226 的衰变产物。氡 –219 和氡 –220 的半衰期很短，分别为 3.96 秒和 55.6 秒，可利用的价值不大。氡 –222 的半衰期为 3.82 天，是天然放射系中半衰期最长的气体核素，在海洋研究中有不可替代的作用。

1）表层水中氡 –222 的分布

假设表层水中不存在垂直平流，仅存在垂直混合，在这种理想的情况下，氡 –222 在表层水中呈指数分布，利用这种分布可以计算涡动扩散系数。

2）底层水中氡 –222 的分布

如果底层水的氡 –222 来自由涡动扩散形成的沉积物，则在底层水中随着离沉积物水界面的距离增加，氡 –222 的分布成指数衰减形式。利用这种分布可以计算垂直涡动扩散系数。

3）近岸海域水体中氡 –222 的分布

近岸海域水体中氡 –222 的分布特点是水中氡 –222 浓度随离海岸距离的增加而减少。

1.5.1.6 海洋中的放射性核素钾 – 40

有了地球就有了钾 –40，钾 –40 原子核不稳定，可以自发通过 β 衰变产生氩 –40 和钙 –40，并放出 β 射线和 γ 射线。钾 –40 半衰期很长，为 12.48 亿年。钾 – 氩反应是地质学上钾 – 氩测年法的依据，具有广泛用途。地球上的氩气有很多来自钾的衰变。钾也是生物体内的常量元素，钾 –40 是生物体受天然核辐射的主要来源之一。

1.5.1.7 单独存在于海洋中并且有稳定同位素的长寿命放射性核素

这类核素是在地球形成时产生的（Goldberg et al., 1971），它们的显著特点是半衰期都很长，其中最为重要的是钾－40和铷－87(^{87}Rb)，此外，还有钆－50（^{50}Gd）、锡－124（^{124}Sn）、铟－115（^{115}Ln）、镧－138（^{138}La）、钕－144（^{144}Nd）、钷－147（^{147}Tm）、镉－153（^{153}Gd）、镥－176（^{176}Lu）、铪－174（^{174}Hp）、铼－187（^{187}Re）、铂－190（^{190}Pt）、钨－180（^{180}W）、铈－142（^{142}Ce）等。它们的半衰期在10亿年至千万亿年。它们在海水中的浓度介于10^{-4} ～ 10^{-12}克/升。外海表层海水中天然放射性核素的浓度如表1-8所示。

表1-8 外海表层海水中某些天然放射性核素的浓度

核素	浓度（贝可/升）	核素	浓度（贝可/升）
^{3}H	0.02 ~ 0.11	^{222}Rn	$\approx 0.07 \times 10^{-2}$
^{14}C	0.02	^{210}Pb	$(0.04 \sim 0.25) \times 10^{-2}$
^{40}K	11.8	^{210}P$_0$	$(0.02 \sim 0.16) \times 10^{-2}$
^{87}Rb	0.11	^{232}Th	$(0.01 \sim 0.29) \times 10^{-4}$
^{238}U	0.44	^{228}Ra	$(0.01 \sim 0.37) \times 10^{-2}$
^{234}U	0.05	^{228}Th	$(0.01 \sim 0.11) \times 10^{-3}$
^{230}Th	$(0.02 \sim 0.52) \times 10^{-4}$	^{235}U	$0.19 \sim 10^{-2}$
^{226}Ra	$(0.15 \sim 0.17) \times 10^{-2}$		

注：摘自刘广山（2010）。

1.5.2 海洋中的人工与宇生放射性核素

海洋学研究最多也最重要的人工放射性核素是锶－90（^{90}Sr）、铯－137（^{137}Cs）、钚－239（^{239}Pu）；海洋学研究较多的宇生放射性核素有铍－10（^{10}Be）、硅－32（^{32}Si）、磷－32（^{32}P）、氯－36（^{36}Cl）；而氚－3（^{3}H）、碳－14（^{14}C）、碘－129（^{129}I）等既可能是人工放射性核素也可能是宇生放射性核素。

1.5.2.1 海洋中人工放射性核素

1）核试验

大气核爆炸试验始于1945年，1980年后主要是进行地下核爆炸试验。世界上已有8个国家进行过1800多次试验，其中美国和苏联的核试验次数约占

80%。核爆炸可以产生几百种放射性核素，并通过落下灰进入海洋，或沉降于陆地通过雨水进入河流再汇集到海洋，核爆炸的核素产量很少，比较重要的有氚－3、碳－14、锶－90、钚－239、钚－240等。最典型、输入海洋放射性最多的是美国在太平洋埃尼维托克环礁的核试验。1946—1958年，美国在马绍尔群岛进行了67次核试验。利用人工放射性核素进行的海洋学研究工作，始于在比基尼环礁进行的氢弹核试验。表1-9为核试验在太平洋产生的放射性核素输入数量。表1-10为核爆炸试验期间表层海水中主要的落下灰放射性核素。

表1-9　核试验在太平洋产生的放射性核素输入数量

单位：拍贝可

纬度	平流层沉降			对流层沉降		
	^{90}Sr	^{137}Cs	$^{239+240}Pu$	^{90}Sr	^{137}Cs	$^{239+240}Pu$
90°—60°N	1.3	2.1	0.023	—	—	—
60°—30°N	71.6	114.6	1.253	113	171.8	3.8～6.3(1.978)
30°—0°N	65.8	105.3	1.152	—	—	—
0°—30°S	26.6	42.6	0.466	—	—	—
30°—60°S	25.8	41.3	0.452	—	—	—
60°—90°S	3	4.8	0.053	—	—	—
合计	194.1	310.6	3.399	113	171.8	3.8～6.3(1.978)
总计*	307.1	482.5	7.2～9.7(5.377)	—	—	—

注：摘自刘广山（2010）。

* 即核试验在太平洋产生的所有放射性核素输入量。

表1-10　表层海水中主要的落下灰放射性核素

单位：贝可/升

地点	平均浓度和范围				
	^{90}Sr	^{137}Cs	^{3}H	^{14}C	^{239}Pu
北大西洋	0.01	0.02	1.78	0.0007	(0.01～0.04)×10⁻³
	0.0007～0.02	0.001～0.03	1.15～2.74	0.0004～0.002	
南大西洋	0.005	0.01	0.70	0.001	0.01×10⁻³
	0.0007～0.01	0.001～0.02	0.59～0.81	0.0007～0.002	
印度洋	0.005	0.01	—	—	—
	0.0007～0.01	0.001～0.02	—	—	—

续表

地点	平均浓度和范围				
	^{90}Sr	^{137}Cs	^{3}H	^{14}C	^{239}Pu
西北太平洋	0.02	0.03	1.07	0.001	(0.004 ~ 0.005)
	0.005 ~ 0.11	0.01 ~ 0.18	0.22 ~ 2.59	0.000 7 ~ 0.001	× 10^{-3}
西南太平洋	0.005	0.01	0.3	—	—
	0.000 4 ~ 0.01	0.000 7 ~ 0.02	0.003 ~ 0.81		
东北太平洋	0.01	0.02	1.63	0.001	(0.004 ~ 0.005)
	0.002 ~ 0.02	0.003 ~ 0.03	0.37 ~ 8.88	0 ~ 0.002	× 10^{-3}
东南太平洋	0.005	0.01	0.3	0.000 4	—
	0.001 ~ 0.01	0.002 ~ 0.02	0.01 ~ 1.26	0 ~ 0.001	
北海	0.02	0.03	—	—	—
	0.01 ~ 0.04	0.02 ~ 0.06			
波罗的海	0.03	0.05	—	—	—
	0.01 ~ 0.04	0.02 ~ 0.06			
黑海	0.02	0.03	—	—	—
	0.005 ~ 0.03	0.01 ~ 0.05			
地中海	0.01	0.02	—	—	—
	0.005 ~ 0.01	0.01 ~ 0.02			

注：摘自蔡福龙（1998）。

2）核动力舰船

核动力舰船方面能收集到的资料很少，核动力主要采用压水堆，关键的核素有钴－60、铯－137、镅－241、钚等。

3）核电厂正常运行排放

①核电厂运行过程中反应堆芯内的链式反应直接产生裂变产物；

②裂变过程产生的中子撞击放射性的冷却水、腐蚀物、控制棒，以及其他材料又产生了放射性核素，称活化产物。

上述两个过程产生的放射性核素很多是短半衰期的，很快就衰变殆尽，其他较长半衰期的放射性核素经过工厂废水处理达标后才排入海洋。表1–11为英国和法国的核工厂排放，表1–12至表1–14为大亚湾正常运行的排放。

表1-11 英国Sellafield和法国Cape de la Hague核工厂年排放的^{90}Sr和^{137}Cs

单位：太贝可

年份	Sellafield				Cape de la Hague			
	排放时的活度		2000 年的活度		排放时的活度		2000 年的活度	
	^{137}Cs	^{90}Sr	^{137}Cs	^{90}Sr	^{137}Cs	^{90}Sr	^{137}Cs	^{90}Sr
1970	1200	230	600	112	89	2	45	1
1971	1300	460	665	229	243	8	124	4
1972	1289	562	675	286	33	16	17	8
1973	770	280	413	146	69	19	37	10
1974	4100	390	2249	208	56	52	31	28
1975	5230	466	2939	255	34	38	19	21
1976	4289	381	2464	214	35	20	20	11
1977	4480	427	2634	245	51	36	30	21
1978	4090	597	2460	351	39	70	23	41
1979	2600	250	1601	151	23	56	14	34
1980	2970	352	1871	217	27	29	17	18
1981	2360	277	1522	175	39	27	25	17
1982	2000	319	1320	207	51	86	34	56
1983	1200	204	810	135	23	142	16	94
1984	434	72	300	49	30	110	21	75
1985	325	52	230	36	29	47	21	33
1986	18	18	13	13	10	69	7	49
1987	12	15	9	11	8	57	6	42
1988	13	10	10	7	9	40	7	30
1989	29	9	22	7	13	29	10	22
1990	24	4	19	3	13	16	10	13
1991	15	4	12	3	6	30	5	24
1992	15	4	12	3	3	18	2	15
1993	22	17	19	14	4	25	3	21
1994	14	29	12	25	11	16	10	14
1995	12	28	11	25	5	30	4	27
1996	10	16	9	15	2	11	2	10

续表

年份	Sellafield				Cape de la Hague			
	排放时的活度		2000 年的活度		排放时的活度		2000 年的活度	
	^{137}Cs	^{90}Sr	^{137}Cs	^{90}Sr	^{137}Cs	^{90}Sr	^{137}Cs	^{90}Sr
1997	8	37	7	34	3	4	3	4
1998	8	18	7	17	3	3	3	3
总计	38 837	5 528	22 915	3 193	961	1 106	566	746

注：摘自刘广山（2010）。

表1-12　1994—2001年大亚湾核电厂液态放射性流出物的年排放量

单位：$\times 10^8$ 贝可

核素	1994 年	1995 年	1996 年	1997 年	1998 年	1999 年	2000 年	2001 年
^{110m}Ag	73.6	68.6	29.7	80.4	10.4	12.5	9.43	4.72
^{58}Co	593	149	34.7	17.1	2.47	4.51	4.03	2.03
^{60}Co	10.1	23.3	6.53	3.26	2.58	3.45	4.77	10.2
^{54}Mn	14.1	10.1	3.8	2.29	1.95	1.68	1.59	1.35
^{124}Sb	130	21.5	5.04	2.13	1.44	1.42	1.39	1.01
^{131}I	52.6	6.69	2.65	2.29	1.94	1.77	1.54	0.807
^{134}Cs	5.29	4.01	3.89	2.27	1.79	1.43	1.26	0.651
^{137}Cs	13.2	5.39	6.16	3.07	2.27	1.99	1.91	0.976

注：摘自自然资源部第三海洋研究所西太平洋海洋环境监测报告。

表1-13　2002-2009年大亚湾核电基地液态放射性流出物的年排放量

单位：$\times 10^8$ 贝可

核素	2002 年	2003 年	2004 年	2005 年	2006 年	2007 年	2008 年	2009 年
^{110m}Ag	12.0	3.11	1.97	6.74	3.28	2.26	1.94	0.914
^{58}Co	1.48	1.77	2.45	0.523	0.709	0.231	0.237	0.250
^{60}Co	5.54	5.93	7.76	3.81	3.37	7.14	2.65	3.20
^{54}Mn	0.853	0.811	0.872	0.375	0.333	0.258	0.114	0.102
^{124}Sb	0.984	0.878	0.647	0.326	0.350	0.250	0.232	0.171
^{131}I	0.730	0.672	0.386	0.320	0.341	0.212	0.127	0.110
^{134}Cs	0.566	0.472	0.276	0.257	0.244	0.184	0.106	0.101
^{137}Cs	0.749	0.646	0.436	0.376	0.333	0.320	0.187	0.155

注：摘自自然资源部第三海洋研究所西太平洋海洋环境监测报告。

表1-14　大亚湾核电基地液态氚2003—2009年排放结果

单位：太贝可

年份	大亚湾核电厂	岭澳核电厂
2003	63.6	33
2004	48.1	39.8
2005	62.4	42.8
2006	57.1	50.1
2007	71.1	47.2
2008	65.6	50.7
2009	59.8	48.7

注：摘自自然资源部第三海洋研究所西太平洋海洋环境监测报告。

4）核事故

核事故泄漏是除核爆炸之外向环境中排放人工放射性核素的最主要途径。到目前被认为是重大核事故的有18次，最为严重的是1986年4月苏联的切尔诺贝利核电站事故和2011年日本福岛核电站事故。这些事故导致大量放射性物质释放到大气中，再通过雨水沉降、陆地径流汇入海洋中。日本福岛核电站事故还把泄漏的放射性物质直接排入海中。

核事故释放和核设施运行排放的放射性核素，不像核爆炸试验那样沉降到全球范围的地表。这些事故排放的放射性核素总是局部的，切尔诺贝利事故的放射性物质主要散落在欧洲地区，受污染的海域主要是在波罗的海和黑海；福岛核事故的放射性物质主要散落在东北亚地区，受污染的海域主要是日本附近的太平洋海域、日本海。表1-15为切尔诺贝利核电站事故释放的放射性核素。根据我国学者的调查与综合各国科学家的报道，日本福岛核电站事故排入海洋的总量如表1-16所示（林武辉等，2015）。此外，还有海洋中舰船的事故与放射性物质的丢失、核动力卫星空中燃烧释放的钚，以及放射性废物的海洋处置释放的放射性物质。

表1-15　切尔诺贝利核电站事故释放的放射性核素（IAEA,1995）

堆芯贮量，1986 年 4 月 26 日			事故中总释放量	
核素	半衰期	活度 / 拍贝可	占贮量百分数 / %	活度 / 拍贝可
^{133}Xe	5.3 天	6 500	100	6 500
^{131}I	8.0 天	3 200	50 ~ 60	~ 1 760
^{134}Cs	2.06 天	180	20 ~ 40	~ 54
^{137}Cs	30.2 年	280	20 ~ 40	~ 85
^{132}Te	78.0 时	2 700	25 ~ 60	~ 1 150
^{89}Sr	50.5 天	2 300	4 ~ 6	~ 115
^{90}Sr	28.8 年	200	4 ~ 6	~ 10
^{140}Ba	12.8 天	4 800	4 ~ 6	~ 240
^{95}Zr	64.0 时	5 600	3.5	196
^{90}Mo	67.0 时	4 800	>3.5	>168
^{103}Ru	39.6 天	4 800	>3.5	>168
^{106}Ru	373 天	2 100	>3.5	>73
^{141}Ce	33.0 天	5 600	3.5	196
^{144}Ce	285.0 天	3 300	3.5	~ 116
^{239}Np	2.4 天	27 000	3.5	~ 95
^{238}Pu	86.0 年	1	3.5	0.035
^{239}Pu	24 400.0 年	0.85	3.5	0.03
^{240}Pu	6 580.0 年	1.2	3.5	0.042
^{241}Pu	13.2 年	170	3.5	~ 6
^{242}Cm	163.0 年	26	3.5	~ 0.9

注：IAEA 全称是国际原子能机构。

表1-16　2011年日本福岛核事故经海洋途径排放放射性物质总量估计

单位：拍贝可

核素	估算的核素排放量
氚	0.1
锶 90	0.09 ~ 6
锝 99	0.02
碘 129	（2.35 ~ 7）× 10^{-6}
铯 134	—

核素	估算的核素排放量
铯 135	2.24 ~ 16
铯 136	0.29
铯 137	0.9 ~ 3.5
钡 140	0.53
镧 140	0.27

注：摘自林武辉等（2015）。

1.5.2.2 海洋中的宇生放射性核素

宇宙射线与大气、海洋和陆地等的核素原子核相互作用产生宇生放射性核素。作为宇宙射线轰击靶核（材料）的，在大气中有氮、氧、氩、氪、氙；在海水中有氧、氢、碳、钾、钙、钠、锶、氯；在陆地上有镁、铁、铝、钙、铷、锶、锆、碲、钡、镧、铯。

由于大气层的阻挡，宇宙射线到达地表的强度明显降低，地表产生的宇生放射性核素数量远小于在大气中产生的宇生放射性核素。所以，地球上的宇生放射性核素主要是来自在大气中产生的宇生放射性核素的沉降。海洋中氯-36产生的速率高于在大气中的，氩-37具有与大气中相当的产生速率。表1-17为一些宇生放射性核素的特征。

表1-17　一些宇生放射性核素的特征

核素	半衰期	大气中		海洋中		陆地靶元素	是否为人工源	是否为营养盐	在水体中的行为
		靶元素	产生速率/（原子·厘米$^{-2}$·分$^{-1}$）	靶元素	产生速率/（原子·厘米$^{-2}$·分$^{-1}$）				
^{3}H	12.3 年	N,O	1.39×10^{-1}	O,^{2}H	1.2×10^{-2}	O,Mg,Si,Fe	是	—	保守
^{7}Be	53 天	N,O	1.27	O	6.0×10^{-3}	O,Mg,Si,Fe	是	—	非保守
^{10}Be	1.5×10^6 年	N,O	2.70	O	1.8×10^{-3}	O,Mg,Si,Fe	—	—	非保守
^{14}C	5 730 年	N,O	1.2×10^2	O	9.0×10^{-3}	O,Mg,Si,Fe	是	是	非保守
^{22}Na	2.6 年	Ar	3.75×10^{-3}	Na	3.9×10^{-4}	Mg,Al,Si,Fe	—	—	—

续表

核素	半衰期	大气中		海洋中		陆地靶元素	是否为人工源	是否为营养盐	在水体中的行为
		靶元素	产生速率/（原子·厘米$^{-2}$·分$^{-1}$）	靶元素	产生速率/（原子·厘米$^{-2}$·分$^{-1}$）				
^{26}Al	7.38×10^5 年	Ar	8.40×10^{-3}	S,K,Ca	6.8×10^{-6}	Si,Al,Fe	—	—	非保守
^{32}Si	150 年	Ar	9.60×10^{-3}	S,Ca	2.5×10^{-5}		—	是	非保守
^{32}P	14.3 天	Ar	5.28×10^{-3}	Cl,S,K	7.6×10^{-4}	—	—	是	非保守
^{33}P	25.3 天	Ar	6.93×10^{-3}	Cl,S,K	2.9×10^{-4}	—	—	是	非保守
^{35}S	87.4 天	Ar	2.84×10^{-2}	Cl,Ca,K	5.1×10^{-4}	Fe,Ca,K,Cl	—	是	
^{36}Cl	3.01×10^5 年	Ar	6.60×10^{-2}	Cl	1.06×10^{-1}	Fe,Ca,K,Cl	是	—	
^{37}Ar	35.0 天	Ar	9.10×10^{-6}	K,Ca	8.1×10^{-6}	Fe,Ca,K	是	—	保守
^{39}Ar	269 年	Ar	2.00×10^{-1}	K,Ca	1.2×10^{-5}	Fe,Ca,K	是	—	保守
^{41}Ca	1.1×10^5 年	—	—	Ca	2.4×10^{-5}	Ca,Fe	—	—	
^{81}Kr	2.1×10^5 年	Kr	2.30×10^{-5}	Sr	1.9×10^{-8}	Rb,Sr,Zr	是	—	保守
^{129}I	1.57×10^7 年	Xe	—	—	—	Te,Ba,La,Ce	是	—	保守

注：摘自刘广山（2010）。

国际原子能机构于 2005 年发布了全球放射性核素释放量、入海通量和 2000 年海洋储量，如表 1-18 所示。

表1-18　全球放射性核素释放量、入海量和2000年海洋储量

单位：拍贝可

核素	半衰期/年	全球释放量	与 ^{90}Sr 释放量的比值	输入到海洋的活度	2000 年海洋储量
^{3}H	12.33	186 000	299	112 693	13 300
^{14}C	5 730	213	0.342	129	128
^{90}Sr	28.78	622	1	377	151
^{137}Cs	30.17	948	1.52	603	251
^{239}Pu	24 110	6.52	0.010 5	4	4
^{240}Pu	6 563	4.35	0.007	2.6	2.6
^{241}Pu	14.35	142	0.223 8	86	13.7

注：摘自 IAEA（2005）。

2 放射性与海洋生态系统结伴而行

2.1 海洋生态系统

地球的表面约有 71% 的部分被蔚蓝色的海水所覆盖，地球可以说是一个海洋的星球。浩瀚无边的海洋，蕴藏着极其丰富的各类资源：海水中存在着 80 多种元素，生存着 17 万余种动物和 2.5 万余种植物。21 世纪是海洋世纪，海洋不但有丰富的资源，它也是地球所有生命的摇篮。它以无比壮观和无尽的宝藏让人类亲近。关注海洋、善待海洋、可持续开发利用海洋成为全人类刻不容缓的责任。

2.1.1 海洋生态系统的结构

海洋生态系统与普通生态系统一样，好像一部活的机器，既有结构、又有功能，它是指在一定的空间内所有的生物和非生物成分构成了一个相互作用的综合体。这是一个动态的系统，系统中生物永远是主体，它带动内部的物质循环和能量的流动，犹如一台不需要人操纵的自动化机器，自然而然地运转。

2.1.1.1 生态系统的概念

在一定的时间和空间内分布着各个物种的种群集合，包括动物、植物、微生物等有规律地组合在一起，形成一个稳定的群落，称为生物群落。生物群落与它的周围环境形成一个复合体，并且是相互作用的系统，称为生态系统。总之，生态系统就是生物与它的周围非生物环境形成的生态单位。

根据这个生态单位的特点，地球上可以分成各种各样的生态系统，最大的生态系统就是陆地生态系统、海洋生态系统。陆地生态系统又可以分为高原生态系统、平原生态系统、森林生态系统、农田生态系统、草原生态系统、沙漠生态系统，等等；同样，海洋生态系统也可以分为大洋生态系统、近海生态系统、港湾

生态系统（图2-1）、河口生态系统（图2-2）、红树林生态系统（图2-3）、湿地
生态系统（图2-4），等等。

图2-1　港湾生态系统

来源：http://town.zjol.com.cn/cstts/201805/t20180522_7324254.shtml

图2-2　河口生态系统

来源：http://yhnews.zjol.com.cn/yuhuan/system/2018/08/14/031074582.shtml

图2-3 红树林生态系统

来源：http://www.beijingreview.com.cn/minsheng/201810/t20181023_800144920_6.html

图2-4 湿地生态系统

来源：https://www.wenjuan.com/s/UvM77j8/

2.1.1.2 海洋生态系统的成员

海洋生态系统由海洋生物和非生物环境组成（蔡福龙，1998）。

1）海洋生物

海洋物种至今记录在册的有 21 万种，根据海洋生物学家的预测，实际数量是这个数的 10 倍,即 210 万种。根据它们的功能可分为生产者、消费者和分解者。

（1）生产者

生产者是专门生产原初物质的生物，就像陆地的植物一样依靠阳光、二氧化碳、肥料（营养盐）和叶绿素制造原初的、可供利用的物质。它们包括海洋里大量的浮游植物，各种大型藻类，以及高等海洋植物如红树林、海草，还有光合细菌。这一类生物亦称自养生物。

（2）消费者

这类生物自身并不制造、生产原初的物质，而是靠着捕食其他的活体生物，包括自养生物来维持自身的生命活动，例如，各种贝类、甲壳类、鱼类。这一类生物亦称异养生物。

（3）分解者

这类生物自身不制造、生产原初的物质，也不依靠捕食的方式来获取营养物质以维持自身生命活动的需求。它们寄生在各种活体生物体内使其致病、死亡或直接寄生在已死亡的生物中，依靠自身的各种酶类或生理活性物质，把寄主的有机尸体分解成有机碎屑，把有机物质如糖、蛋白质、脂肪等分解成无机物质如碳、氮、氧、磷等。它们一方面利用这些有机物质维持自身的生命活动，一方面使这些无机物质（营养盐）释放到海洋环境中又供生产者（自养生物）所用。这类生物亦称异养生物，包括微生物和病毒。这类生物数量巨大，可能是无时不有，无处不在。

2）非生物因子

阳光：万物生长靠太阳，同样，海洋中的植物也必须依靠阳光，否则光合作用不能进行，原初物质不能生产，就会影响整个生物圈的循环，所以太阳是生态系统的原动力。

二氧化碳：海洋绿色植物进行光合作用的原材料。

营养盐：包括氮、磷、硅、钾等化学物质，就像陆地绿色植物一样，要能茁壮成长就得施肥，否则就生长不好，所以营养盐是维持海洋初级生产力能正常进行的保障。

氧：像陆地动物和人一样，海洋中的活体生物也要呼吸，吸入氧气和体内的二氧化碳进行交换，这些氧气就是靠海洋植物的光合作用释放出来的。当然海水与空气的交换也是海洋中氧气的重要来源。

其他物理因素如温度、盐度、压力等都是维持海洋生态系统存在与正常运行的重要因素。

3）海洋空间环境

有人称地球是水球。因为地球表面的 71% 被海水覆盖；地球表面总面积为 5.1×10^8 平方千米，而海洋面积就有 3.61×10^8 平方千米。海洋里的海水、沉积物、悬浮物、海流等都是海洋生物群落赖以生存与分布的空间，是海洋生态环境的主要组成部分。

海水：全球的水量为 14.5×10^8 立方千米，其中 97% 为海水。海水是一种非常复杂的多组分水溶液。海水中的各种元素都以一定的物理化学形态存在。海水中的溶解有机物十分复杂。常量元素有钠、钾、钙、镁和锶等。营养元素有氮、磷、硅等。全球河流每年向海洋输送 5.5×10^{15} 克溶解盐。这也是海水盐分的主要来源之一。溶于海水中的气体成分有氧、氮、惰性气体等及其他一些微量元素。

海洋沉积物：海洋底部沉积物是各种海洋沉积作用所形成的海底沉积物的总称。传统上，根据深度将沉积物划分为近岸沉积、浅海沉积、半深海沉积和深海沉积。近岸沉积（0 ~ 20 米），是主要分布在海滩、潮滩（图 2-5）的机械碎屑，即不同粒度的砂、砾石和生物骨骼壳体的碎屑等。浅海沉积（20 ~ 200 米），浅海海域占海洋面积的 25%，但这一海域的沉积物却占海洋全部沉积物的 90%。半深海沉积（200 ~ 2 000 米），通常以陆源物质为主，也有少量化学沉积物和生物沉积物。深海沉积（大于 2 000 米），通常以海洋生物遗体为主，而极少数陆源物质，并通常以各种生物软泥为主。

海洋悬浮颗粒物：悬浮物粒径一般在 0.01 微米至数千微米之间，通常用直径 0.45 微米的过滤膜将其从海水中分离出来。悬浮物包含有机组分和无机组分两类。图 2-6 所示为采集海洋悬浮颗粒物的设备。

图2-5　广阔的潮间带

来源：http://dp.pconline.com.cn/photo/3832371_4.html

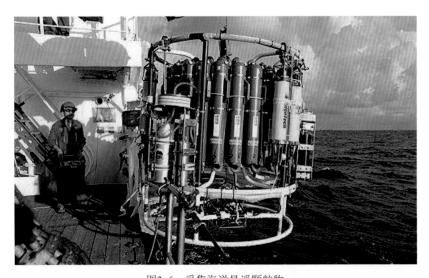

图2-6　采集海洋悬浮颗粒物

来源：http://www.syb.ac.cn/ydhz/kjdt/201707/t20170715_4833393.html

有机组分：主要是生物残骸及其排泄物，由纤维素、淀粉等碳水化合物、蛋白质、类脂物质和壳质等组成。

无机组分：由石灰、化石、碳酸盐和黏土等来自陆地的碎屑等组成。

悬浮颗粒物的特性：直径大于 1 000 微米的大颗粒，在水体中停留的时间很短，以至于不能与周围海水发生相互作用；直径在 0.01～1.0 微米的颗粒在水体中停留的时间达到几十年甚至更长时间，因而可以与周围水体发生相互作用。悬浮颗粒物的另一个特性是比表面积大，粒径为 11 ~ 30 微米，其比表面积为 200 ~ 350 米^2/克，粒径越小比表面积越大，与周围海水接触面越大，相互作用的机会也越多。有相当一部分海洋浮游植物的直径也在几微米范围内，它们往往也与海洋悬浮颗粒物混杂在一起。

海流：又称洋流，是由于太阳热辐射、海水蒸发、天空降水、海水冷缩等因素作用而形成密度不同的海水团，再加上风力的作用，地球转动的偏向力、引潮力等作用进行大规模相对稳定的流动，它是海水的普遍运动形式之一。海洋里具有许多海流，每股海流终年沿着比较固定的路线流动。它像人体的血液循环一样把整个世界大洋联系在一起。这种流动有水平流动、垂直流动，从而使海水中的溶解物质、胶体物质、化学元素、颗粒物质、浮游植物、浮游动物、游泳生物，以及各种有机物质和无机物质源源不断地进行输送、交换与混合，这是海洋生态环境中最活泼、最富有动力的因素。

最主要的海流有风生环流，深度在 100 米以内。温盐环流，深度超过 100 米。黑潮是日本暖流，为北太平洋西部流势最强的暖流。新潮，亦称千岛寒流，发源于白令海峡。地转流，在北半球向右偏转，南半球向左偏转。上升流，通常发生在海洋的沿岸地区，是一种垂直向上逆向运动的海流，是一股寒流，含有丰富的营养盐。除了大尺度运动的海流外，还有沿着局部浅海海岸流动的海流，即沿岸流。

就我国而言，影响我国的上升流主要出现在东南海域与南海海域；此外还有渤海沿岸流、东海沿岸流、南海沿岸流。

2.1.2 海洋生态系统的功能

生态系统的功能主要表现为能量的流动、物质的转化和循环交换。海洋植物在光合作用过程中同时吸收各种养料，主要是无机物质，而动物的饵料主要是各种植物或其他动物。这样生态系统中物质从无机态转变为各种有机态，在新陈代谢过程中又把一部分有机物分解为无机物释入环境。另外，当生物死亡时，微生物把动、植物尸体分解为无机营养物回归海洋环境，有机态的物质又转变成无机态的物质供绿色植物再次利用。这就是生态系统的功能。

实现生态系统功能的具体形式是：能量通过食物链的流动、物质通过食物链的循环。通俗的说法就是"大鱼吃小鱼，小鱼吃虾米"。在转移过程中，大部分能量以热的形式在呼吸作用过程中消耗掉，只有小部分能量重新构成新的原生质所需要的材料。能量的流动是单向的、不能循环，只有物质才能循环成功。

从单细胞小生物（如浮游植物）直到大型动物反复摄食的整个转换过程，构成生物的食物链。

2.1.2.1　捕食食物链

该链从植物开始向上转移到小型动物，最后到较大型动物。它有两种基本类型（图2-7）。

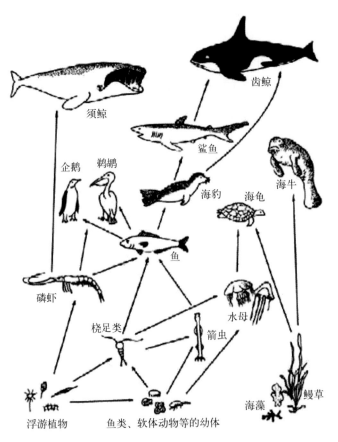

图2-7　食物链网示意（一）

引自邵广昭（1998）

1）植食食物链

在海洋中表现为：微型浮游植物→小型浮游动物→大型浮游动物→巨型浮游动物→食浮游生物的鱼类→食鱼类的动物种类（如乌贼，金枪鱼）。

在沿岸表现为：①微型浮游植物→表层大型浮游动物→食浮游生物的鱼类；②底栖微型浮游植物：底栖草食动物（如贝类，多毛类）→底栖肉食动物→食鱼动物。

2）碎屑食物链（图2-8）

碎屑（含浮游动物、原生动物、细菌、生物尸体碎屑）→捕食碎屑动物→小型食肉动物→大型食肉动物。

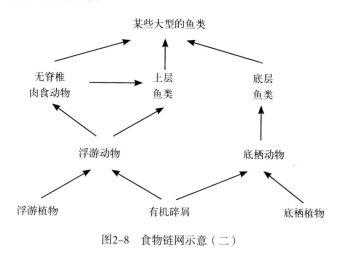

图2-8　食物链网示意（二）

2.1.2.2　寄生食物链

寄生食物链与捕食食物链的物质转移方向相反，是从较大寄生生物向较小寄生生物转移。例如，鱼类的寄生虫就是从鱼体内吸收营养物质的。

2.1.2.3　腐生食物链

腐生食物链是由死亡生物物质和能量向微生物、病毒转移。

在海洋生态系统中，各种食物链同时并存，纵横交错地联结在一起，形成网状结构，称为食物链网。它更能反映海洋生态系中物质循环、能量流动的复杂关系。

2.1.3　生态系统的特征

　　生态系统的组成不是简单的机械拼凑，它是一个有机的整体系统，它具有强大的自我调节能力，而使系统保持稳定。但系统的稳定不是静态的而是处于动态变化之中。系统的稳定平衡是相对的，而动态变化是绝对的，我们保护海洋生态系统就是要保护海洋生态系统良性的动态平衡从而保护生物的多样性，保障人与生物和谐共存的优质环境。

2.2　放射性与海洋生态系统是同胞兄弟

　　45亿年前形成了地球，先有了岩石，而后随着雨水的沉降与冲刷逐渐形成了陆地，继而是海洋。这时候也伴随着天然放射性的产生。

　　生物最早出现在海洋。原始海洋（图2-9）是孕育一切生命的摇篮，所有的生物都是从单细胞发展而来，然后都是在海洋中进化出各种形态，而逐步登陆的。

图2-9　生命起源于海洋

来源：https://new.qq.com/omn/20200228/20200228A09L0J00.html

45亿年前，地球上空赤日炎炎、电闪雷鸣，地面火山喷发、熔岩横流，从火山喷发的气体，如水蒸气、氢气、氨、甲烷、二氧化碳、硫化氢等构成了原始大气层。原始气体降落在像热锅一样的海水里，不断地相互作用。进而大约在38亿年前，海洋里产生了有机物，再演化成生物。生物先有低等单细胞生物、细菌和蓝藻，在6亿年前的古代有了海藻类。经过几亿年的演化逐步形成了门类齐全、结构复杂的各类海洋生物。

生物是海洋生态系统的主要成员，海水是海洋生态系统的重要环境要素。天然放射性的诞生先于海洋（海水）和生物。它们是地球上的同胞兄弟，至今共同存在了几亿年。也就是说海洋生物是在天然放射性的存在下，得到发展和繁衍的。

2.3　海流推动着放射性物质的扩散与传播

海洋里存在各种洋流、环流、沿岸流。凡是存在于海洋里的放射性核素都不同程度地受到各种海流冲力的作用而扩散、稀释与传播。迄今为止，在海洋中已经测定和估计到的放射性核素有60余种。它们在海洋中以不同的形态存在，受到海流力量的推动程度不同。比较重要和常见的放射核素列举如下（蔡福龙，1998）。

1）在海水中呈溶解态放射性核素

铀、镭－226、氚、碳－14、铅－210、锶－90、铯－137、磷－32、锝－99、锑－125等受海流的推动，可传播到较远的海域。

2）在海水中呈颗粒态放射性核素

钍－230、钚－239、钚－240、钌－106、钴－60、铌－95、钇－90、钼－99、钷－147、铋－207等受海流推动程度较差，容易沉降于海底。

3）在海水中呈胶体状态放射性核素

铁－55、铁－59、锰－54等在近海较易沉降。在外海容易受海流推动而扩散。

4）在海水中兼具多种形态放射性核素

同一种放射性核素兼具溶解态、颗粒态、凝胶态，但各种形态的比例不一样。如锑－144、锌－65，它们受海流的作用与沉降情况不一样。

上述核素在海水中的行为不是单一的、绝对的，只是以其中的一种形态为主而已，容易受海流推动传播的核素也会沉降，容易沉降的核素也会受到海流的推动传播。但归根结底，海洋沉积物是放射性核素最终的归宿，随着时间的推移，多种形态的放射性核素都会被比表面积大的悬浮物吸附，久而久之，其大部分都会逐渐沉降到海底。

2.4 放射性核素容易和海洋生物结为朋友

在海洋生态系统里，放射性核素是无处不在、无时不有的。在海洋里，它们首先接触的是海水、悬浮物和海洋生物。它们总是通过各种途径深入到生物体内并通过人类对海洋水产生物的食用而转移到人体内。可谓放射性核素与海洋生物的关系十分密切，亲如朋友（蔡福龙，1998）。

2.4.1 放射性核素容易被海洋生物吸收（结为朋友）的基础

构成海洋生物机体如骨髓、肌肉、内脏、外壳等的常量元素有碳、氢、氧、氮、磷、硫、钙；成为酶、辅酶、激素等体内的活性物质不可或缺的微量元素有铁、钴、锰、锌、镁、碘、钾。

在海洋放射性的核素中，碳－14、氢－3、磷－32、钙－45、硫－35等都与生物体内的常量元素互为同位素；铁－55、铁－59、钴－60、锰－54、锌－65、碘－131和钾－40也与生物体体内的微量元素互为同位素。同一核素的同位素其化学性质是相似的，这就增强了放射性核素与海洋生物体的亲和力；还有一些重要的放射性核素虽然没有其相对应的同位素，但却与生物体内的化学元素的性质相似，也表现出一定的亲和力，如锶－90与钙化学性质相似，铯－137、铯－134与钾化学性质相似。

有些放射性核素，虽然生物体内没有与其性质相似的元素，但同样也会积累在生物体内，如钚－239和钚－240。

2.4.2　放射性核素进入海洋生物体内的途径

放射性核素进入海洋生物体内的途径包括以下类型。

（1）皮肤的表面吸附：尤其具有较大比表面积的浮游藻类、小型浮游动物和具有粗糙面的生物外壳等。

（2）皮肤渗透：尤其不具明显外壳和坚硬鳞片而只有细鳞、幼鳞的动物。

（3）鳃的呼吸：海洋动物的鳃犹如陆地动物的肺，在水中通过水流吸收氧气及溶解态的营养物质，也吸收某些放射性核素，通过血液、体液输送到生物体的各个组织器官并参与生物化学物质的代谢。

（4）摄食：这是生物在海洋中吸收放射性核素的主要方式。有的通过海水滤食，有的生物间互相残食形成食物链网传递，有的直接捕食积累放射性核素较多的单一生物俗称紧要途径，某些大型海洋植物可通过根部从土壤或水中吸收等。

有一种观点认为，核素可以通过食物链的传递而积累增多，即所谓的食物链放大问题，处在食物链环节位置越高端的生物所积累的放射性核素就越多，再传递给人类。这种提法有一定的片面性，因为食物（包括污染物）在食物链的每个环节中传递大部分能量是以热的形式在呼吸作用过程中消耗掉。

对此，美国生态学家林德曼提出"十分之一递减律"，即能量在食物链每环节的转移效率平均大约只有10%。故污染物质通过食物链放大是片面的。比较正确的观点应该是放射性核素的转移或传递是通过某些海洋生物作为紧要途径，例如，碘－131转移的紧要途径是海藻再传给了人类；铯－137则由比较大型的鱼类肌肉或虾类肌肉，再传给人类。

总之，海洋食物链各环节生物对放射性核素积累或传递的能力并不以它在食物链所处位置的高低为依据，而是受到了多种因素的影响，包括：

（1）捕食量；

（2）被捕食者对放射性核素的积累量；

（3）不同组织结构的生物被捕食之后，捕食者对其物质的消化吸收程度；

（4）核素在不同生物体内存在的形态 。

2.4.3　放射性核素进入海洋生物体内后的去向

（1）构成生物体常量元素的放射性核素，如碳－14、氢－3、磷－32、硫－35等，首先积累在肠道等内脏，然后被吸收渗入到相应的生物物质，如蛋白质、糖、脂肪、核酸等，参与它们的生物代谢。

（2）构成生物体生理活性物质的放射性核素，例如，钴－60、铁－55、铁－59、钾－40、镁－28、锰－54、锌－65、碘－131、铬－51等，除了钾－40、镁－28是天然放射性，而碘－131是裂变产物外，其他的都是反应堆的活化产物；对于生物体而言，它们都是构成生理活性物质不可缺少的微量元素，它们渗入到相应的酶类、辅酶、内分泌素、维生素等，并参与这些物质的生物合成。

（3）对生物体是非生命必需元素的放射性核素，这类放射性核素寿命比较长，毒性比较大，它们积累在生物体的部位不同。比较常见的重要核素是：

①主要积累在肌肉的铯－137、铯－134；

②主要积累在骨髓的锶－90；

③主要积累在藻类和动物外壳的铀、镭、钚、钌－106、铈－141、铈－144、锆－95、铌－95。

相对而言，上述三类放射性核素在生物体内积累较少，也比较不易排出。

2.5　放射性核素对海洋生物危害的机制

放射性核素对海洋生物的危害是通过其所含射线（α、β、γ）的能量传递给生物机体使之产生电离作用（蔡福龙，1998）。

从机体吸收放射性核素到产生生物损伤经历四个阶段，即物理学阶段，物理－化学阶段，化学阶段和生物学阶段。

其中前三个阶段称为电离辐射的原发作用过程，可在极短的时间（1～2秒）内完成；最后一个阶段称电离辐射的继发作用过程，作用可延续至数天、数月、数年甚至更长时间。

射线对机体的损伤还包括直接作用与间接作用。直接作用就是射线能量直接攻击具有生物活性的大分子，如核酸、蛋白质等，尤其是 DNA 大分子的双螺旋结构常成为射线攻击的靶子；间接作用是射线能量作用于机体内的水分子，引起水分子的电离，形成各种带电自由基，再作用于生物大分子。这两种作用不分先后，往往是同时进行，产生连锁反应，从而引起机体相关功能的丧失和机体器质性的病变。故国际放射防护委员会（ICRP），为了保护非人类物种即生物多样性，提出三个指标作为观察生物受危害的重点，即 DNA 受到明显的破坏与损伤、海洋生物的成活率和海洋生物的繁殖率。

在射线对生物体辐射的过程中，一方面射线引起机体损伤；另一方面机体又在不断地进行自我修复。损伤与修复这两种相反作用过程的消长与变化，决定生物受电离作用的最终结果，即损伤的作用起主导，生物体就受到伤害；修复的作用起主导，生物体就不受伤害或受伤害较轻。

2.6 影响射线对生物损伤的因素

影响射线对生物损伤的因素较多，但最主要有两个方面，即海洋生物本身的素质和放射性核素的含量。

2.6.1 海洋生物的素质

体质强壮者抗辐射能力强，体质脆弱者抗辐射能力差，低等生物抗辐射能力强，高等生物抗辐射能力弱。随着个体的发育，各阶段抗辐射能力的顺序为：成年＞中年＞青少年＞幼年＞胎儿＞胚胎＞受精卵。

2.6.2 海洋中放射性核素的含量

放射性核素对海洋生物的危害受到海洋环境（主要是海水、沉积物、悬浮物）对放射性核素含量的制约。正如人吃补品有一定的量才有效，误食毒药也要有一定的量才能对人体造成危害。

根据目前海域的实际情况，放射性核素的有效含量尚未能对海洋生物造成有效的危害，因为我们制定了严格的标准和建立了严密的监测制度。

2.6.2.1　严格的排放标准

国际原子能机构、世界有核国家政府的相关部门对陆上的核设施（主要是核电站）和海中的核舰船往海洋中排放放射性废液都有严格的经过科学实验与验证的排放标准。有关核企业废水的排放都要经过三废处理达到标准后才能排放入海中。表 2-1 是我国规定的海水放射性水质标准。

表 2-1　海水水质标准

单位：贝可/升

放射性核素	浓度
钴 – 60	0.03
锶 – 90	4
钌 – 106	0.2
铯 – 134	0.6
铯 – 137	0.7

注：引自国家环境保护局（1997）。

2.6.2.2　有效的监测制度

有关国家都设立了具有一定密度的沿海监测站，监测频率按天、月、季或年定期采集海水、沉积物、海洋生物等样品，进行科学的监测，有效地监督各个相关企业的排放。

2.6.2.3　海区的实际排放

海洋的放射性核素虽然有 60 多种，但是在海水中实际能检测出来的包括天然与人工的放射性核素也还不到 10 种，例如，铀、钍、镭、锶 – 90、铯 – 137、氢 – 3 等，而且含量很低，都在国家规定的标准限值以下，对海洋生物及人类健康都不构成危害。当然局部海湾在短暂的时间内有可能检测到高一点的放射性核素，但含量也是很低的。

2.7 放射性对海洋生态系统的影响

浩瀚的海洋有着很强的自净能力和自我调节能力。海洋中天然放射性（主要是钾–40）的总量为 1.55×10^{22} 贝可。海洋生物自古以来就生活在具有天然放射性辐射的海洋环境里，具有相对较大的辐射抗性。至今海洋中的人工放射性总量为 $2.22 \times 10^{15} \sim 2.22 \times 10^{18}$ 贝可。相比之下还不及天然放射性含量的千分之一。因此，和平利用原子能排放至海洋的放射性物质，使整个海洋生态系统遭受破坏是很难的（蔡福龙，1998）。

人类有史以来，放射性对海洋生态系统的破坏只是发生在局部的海区岩礁或水域；只有辐射的强度在瞬间超过该区域的生态自净能力、自我调节能力以致超过生物的抗辐射能力，才会使生物个体、种群和群落遭受毁灭性的破坏。

2.7.1 核爆炸试验场——比基尼岛

比基尼岛位于太平洋，是马绍尔群岛北部的堡礁，为36个珊瑚礁组成的环礁，中间是潟湖。第二次世界大战结束，美苏争霸，为了压制苏联，在12年间美军在太平洋马绍尔群岛共进行了67次核爆炸试验（图2–10至图2–12）。比基尼岛由于地势平坦，就成了理想的核爆炸试验场，共进行了23次试验，其中一次为氢弹试验（1952年），在这里爆炸的总当量为广岛原子弹爆炸当量的7 000倍，最严重的一次形成1 400米直径的弹坑，火球直径5 000米，蘑菇云笼罩100多千米，气温达5.5万摄氏度，周围海域近千艘船被迫放弃捕鱼，岛上几百名居民背井离乡离岛出走，极大地破坏了当地的生态环境，被称为全球第三次核灾害。与20世纪50年代初相比有42种生物绝迹，其中28种已灭绝。

虽然到了1977年被宣布符合居住安全标准，但直到1978年海水的放射性水平仍然很高。经历了40年以后，才发现海水中有大量鱼类和珊瑚，还有其他生物。有些生物被灭绝，而新的物种又填补上来,但没有发现变异的生物个体，生态系统又开始了新的循环，久而久之，受破坏的珊瑚礁已净化污染而达到新的平衡。

图2-10　马绍尔岛核爆炸试验现场

来源：http://roll.sohu.com/20111014/n322239658.shtml

图2-11　1946年比基尼环礁核弹爆炸试验

来源：https://bk.tw.lvfukeji.com/baike-太平洋试验场

图2-12　1954年3月美军比基尼环礁核爆试验

来源：https://bk.tw.lvfukeji.com/baike-城堡行动

2.7.2　核电排放现场调查

唐文桥和潘自强等科学家于 1998 年在大亚湾岭澳核电厂排污口附近海域采集浮游植物、浮游动物、底栖动物、鱼类等海洋生物，针对宇宙射线、本底放射性及人工附加放射核素，计算了 α 粒子、β 射线、γ 射线等对各类生物所照射的剂量率。结果表明，本底的年剂量为 0.31 ~ 2.72 毫戈；受到人工附加的照射剂量分别为本底照射的占比：浮游植物、浮游动物占 0.2%，鱼类 8.3% ~ 15.3%，底栖生物所受剂量相对较大，是浮游生物和鱼类的 5.7 ~ 6.1 倍。

对浮游植物产生照射的主要放射性核素是氪－103、钴－60；对浮游动物产生照射的主要放射性核素是碘－131、钴－60；对底栖动物产生照射的主要放射性核素是来自沉积物中的钴－58、钴－60。对鱼类产生照射的主要放射性核素是锑－124。单独计算核电站造成的附加剂量：浮游植物、浮游动物占0.2%，鱼类占7.7%～13.3%，底栖动物占85%。

根据欧盟推荐的标准：放射性核素对水生生物个体造成的电离辐射剂量率不超过0.4毫戈/时，是安全的，对种群不造成危害，对比之下，大亚湾上述生物个体受到的照射只是欧盟这个标准的千分之几至万分之几。

一个海洋生态系统受到破坏是栖息在该生态系统的大部分生物个体、种群以及群落等依次遭受破坏，使得生态系的自我调节能力受到严重摧毁。所以大亚湾和岭澳4台1000万千瓦机组在1994—1998年正常运转四年，没有对该海湾的生物个体造成危害，更谈不上对海湾生态系统的破坏。

2.7.3 核电厂附近海域调查

2010年，国家海洋局第三海洋研究所对大亚湾核电厂排污口附近潮间带生物进行调查，并与1988年的生态零点（本底）调查做了比较。

1999年以后相关调查样品的关键放射性核素为：

海水中氢－3为0.8～3.4贝可/升、铯－137为2.23～4.56贝可/米^3，与本底相当；

沉积物中铯－137、锶－90也在本底范围，钴－58、钴－60、银－110m偶尔在个别样品中检测到；

在个别的海洋生物品种中检测到银－110m，其中马尾藻中为1.70贝可/千克（鲜）、墨鱼中为5.85贝可/千克（鲜）。

6个断面的潮间带生物调查结果表明：

生物种数：70.3种（1988年）＞38.3种（2010年）。

生物密度：沙滩地327个/米^2（2010年）＞103个/米^2（1988年）。岩石地882.2个/米^2（1988年）＞727个/米^2（2010年）。

生物量：沙滩地 74.27 克 / 米 ^{2}（2010 年）＞ 46.55 克 / 米 ^{2}（1988 年）。岩石地 1 529.9 克 / 米 ^{2}（1988 年）＞ 1 272.31 克 / 米 ^{2}（2010 年）。

由此可见，不同地段不同质地的潮间带，上述三种指标都有增减变动，值得注意的是，在调查地区附近尚有海上工程在进行，这对生物的种群、群落变化也是重要的干扰因素。

总之，海洋生态系统经受了各种自然的压力仍保持着一定稳定性，其中某些生物种群与数量会随着环境因素的变化而发生改变。海洋生态系统能保持相对稳定性的因素，在于食物链网的复杂性，食物链网的某一环节被毁了，其他的环节可以起到补偿作用，使得生态系统中的物质流与能量流能沿着这复杂的食物链网继续流动循环。但这种补偿作用是有限度的，一旦外界的自然压力或人为力量的作用超过它的补偿能力，那么生态系统就会受到影响或破坏。本节列举的两个不同例子说明，除非是核爆试验或其他核事故，否则正常运转的核电站流出物经过"三废"处理之后的排放是不会对海洋生态系统造成伤害的。

3.1 利用碳同位素研究碳汇

除了利用放射性物质裂变产生的核能发电之外,其产生的射线也广泛应用于科学研究、食品加工、医疗卫生和工业生产等方面。

3.1.1 碳汇

人类活动已导致大气中二氧化碳浓度急剧增加,所产生的温室效应及全球气候变化已引起全世界各国的高度关注。2005 年全球正式生效的《京都议定书》,是为缓解全球气候变暖趋势制定的一部限制世界各国二氧化碳排放量的国际法案,至此形成了国际"碳排放权交易制度"。上述议定书规定,所有发达国家在 2008—2012 年必须将温室气体的排放量比 1990 年削减 5.2%。同时规定,包括中国和印度在内的发展中国家可自愿制定削减排放量目标。通俗地讲,碳汇是从大气中清除二氧化碳等温室气体的过程、活动或机制,包括森林碳汇、林下 – 土壤碳汇、土壤碳汇、岩石 – 流域碳汇、海洋碳汇等。因此,碳汇估算就成为开展全球气候变化和增汇减排机制中的主要研究内容。

3.1.2 碳交易与碳汇

碳交易是指交易主体按照有关规则开展的温室气体排放权或碳排放空间的交易活动,其主要目的是降低减排成本、推进应对气候变化。碳汇,是指从大气中清除二氧化碳等温室气体的过程、活动或机制,因此,碳汇交易只是碳交易的一部分,如我们常说的森林碳汇交易。目前,国内碳交易的产品(标的物)主要是排放配额,它是政府分配给重点排放单位一定时期内的碳排放额度;其次是国家核证自愿减排量,它是指依据国家发展和改革委员会发布实施的《温室气体自愿减排交易管理暂行办法》的规定,经其备案并在国家注册登记系统中登记的温室气体自愿减排量。在国家核证减排量交易中，林业碳汇项目减排量是其中交易的一种产品类型，绝大部分产品是来自能源工业、能源分配、能源需求、制造业、化工行业、建筑行业、交通运输业、矿产品、金属生产等其余 15 个专业领域的减排项目。因此，碳汇交易属于碳交易的范畴，但是碳汇交易不等于碳交易。

3.1.3 利用碳同位素技术研究碳汇

碳 – 14 等放射性核素可以广泛应用于岩石圈、水圈、大气圈等各圈层的碳通量估算，尤其适合岩石圈 – 水圈的碳汇及各子系统碳迁移量的估算（温学发等，2019）（图 3-1）。如碳酸盐在溶解过程中，吸收了一定量的空气二氧化碳，并以地表及地下两种方式将碳输移至河道及落水洞、溶洞之中。一般来说，流入河道的碳大部分将最终汇入海洋，然而流入落水洞及溶洞之中的碳则可以通过固结成钟乳石、钙华等或以二氧化碳气体的形式富集于落水洞及溶洞内，该岩溶碳汇的时空格局及碳通量也因此更趋复杂。若能极大程度地发挥碳 – 14 等放射性核素的示踪功能，将有助于推动碳迁移机制、输移量及动态变化等方面的深入研究，为岩溶碳汇的理论与实践提供科学依据。

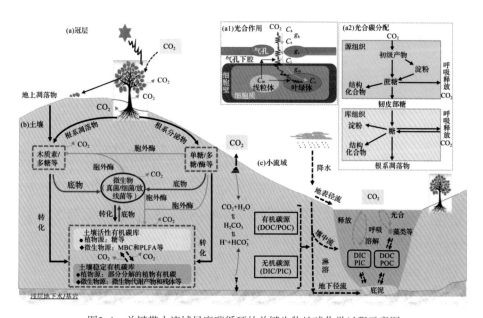

图3-1　关键带小流域尺度碳循环的关键生物地球化学过程示意图

来源：http://www.adearth.ac.cn/CN/10.11867/j.issn.1001-8166.2019.05.0471

国内学者张强（2012）以贵州草海流域为研究区，基于前人研究基础，以碳同位素模型计算出岩溶作用产生的 DIC（Dissolved Inorganic Carbon，溶解无机碳）中 58.8% 为草海中水生植物利用，草海地质碳汇量达 588.67 吨碳 / 年。以此推算，长江中下游湖泊沉水植物每年固碳量为 370 602 吨碳 / 年，长江中下游湖泊中仅沉水植物稳定的地质风化二氧化碳汇量约为 75×10^4 吨。从而证明岩溶碳汇的相对稳定性和岩溶动力系统新理论的合理性。

碳、氮稳定同位素技术在海洋生态系统食物网的碳源、能量流动、营养结构等研究中的应用正逐步完善。Madigan 等（2012）使用稳定同位素技术分析了 2007—2010 年采集的海洋生物样品，使用贝叶斯模型分析了南加利福尼亚海流生态系统的营养动力学，结果表明，该海域生物营养关系复杂，而这种高度相关的营养结构保证了该生态系统的稳定性。孙明等（2016）利用稳定同位素技术对辽东湾海蜇（*Rhopilema esculentum*）的食性和营养级进行了分析，证明其在辽东湾生态系统中对小型浮游动物的能量传递起着关键的调控作用。

此外，应用稳定碳同位素技术，通过碳源分析来研究不同生物体食物来源，成为一种重要的研究手段，被广泛应用于生态学领域研究中。

3.1.4　其他非同位素技术研究碳汇

国内外学者针对碳汇及其估算方法做了大量的研究。然而，碳汇估算方法的不确定、量化指标的不统一、实测数据的可信度及误差等因素，却导致各圈层碳汇估算结果存在较大的差异。过去对全球碳汇估算的研究侧重于森林和土壤，相比之下，对岩石圈 – 水圈系统中碳汇的研究没有引起足够的重视，尤其是岩溶区以流域为单位的碳酸盐岩碳汇研究不够深入。目前，国内外对地球各圈层进行碳汇估算时，受自然条件和社会因素的制约、碳通量估算中量化的复杂性，以及研究工作投入的不足，导致量化精度尚存在不少问题。

其中，运用模型方法进行碳汇研究较为普遍。在森林生态系统碳汇研究中，曾产生过许多半经验半机制模型，如：Thornthwaite Memorial 模型和 MIAMI 模型等经验模型，BIOM E 模型 、MAPSS 模型、CEN TURY 模型、BIOME–BGC 模型、CASA 模型等机制模型，Holdridge 生命地带模型和 Chikugo 模型等（廖培涛等，

2011）。

　　此外，李长生等（2003）利用 DNDC 模型对中国农田 1980—2000 年农田温室气体排放进行模拟计算，结果表明，20 年间中国农田甲烷的年排放量平均减少了 5×10^6 吨；曹明奎等（2003）应用 CEASA 模型估算了中国陆地生态系统的碳通量；邱冬生等（2004）运用数值模型估算得出全球岩石风化消耗的土壤 / 大气二氧化碳量为 0.26×10^9 吨 / 年。

　　碳汇除了通过模型法进行估算，Goulden 等（1996）还利用涡度相关法对温带落叶阔叶林与大气间的二氧化碳交换量进行了 5 年的观测；田育新等（2004）以湖南省长防林一期工程碳汇量作为研究对象，提出了适用于湖南省长防林的碳汇量估算公式。

3.2　利用核素示踪技术研究海洋环境中泥沙等颗粒物运动变化

　　"海纳百川"，陆地上绝大部分的江河最终都归入了海洋，通过河流的携带，陆地上的很多物质都汇入海洋。入海河口的水体通常都是浑浊的，这主要是因为水体中含有大量悬浮泥沙造成的，这些泥沙是近岸地貌塑造单元的重要物质，很多河口区域的三角洲平原就是由泥沙沉降堆积形成的。河流入海泥沙除了自身的矿物质成分外，还携带很多物质的载体，如吸附人类活动产生的各类污染物质。

　　河口区域是海陆相互作用强烈的区域，咸淡水的交汇，造就了河口具有复杂的生物地球化学、生态及水动力系统。河流入海泥沙不但能填海造地，还是众多化学物质包括污染物的携带者。河口地区的沉降动力过程对泥沙及其所携带物质的迁移、转化和归宿，对河口地区水环境中的食物链，能起到一定的调节作用。

　　泥沙对近海生态环境所起的重要调节作用，是研究近海生物地球化学过程的关键所在。通过对近海区域泥沙输运的研究可进一步了解河口地貌形成、污染物来源以及对近海生态环境的影响。

　　研究近海泥沙输运有多种技术手段，其中利用放射性核素的衰变特性可以定量地开展泥沙的相关研究。放射性好比一盏隐形的灯笼，在茫茫的大海中，它走到哪里就亮到哪里，从而照亮出一条路径。因此，人们可以利用这一特点追踪泥沙、物质在海洋中的输运。这也是目前国内外都比较热门的海洋同位素示踪技术，是利用海洋中的同位素作为示踪剂揭示各种海洋学过程的方法，是核科学技术、化学和海洋科学等多学科交叉渗透的海洋新技术。

国内目前研究多核素示踪海洋泥沙输运主要用到的放射性核素有天然的也有人工的，如铍－7、铅－210、钋－210、钍－234、铯－137、钚－239+240等，它们被用于海洋沉积环境中物质的物理混合、输运、淤积或侵蚀的示踪研究。这些核素具有一些相似的理化特性，要么对水体的盐度变化具有敏感性，要么本身带有物质来源的"指纹"。海洋泥沙输运多是在河口海岸地区，也是淡水、海水的交汇地带，盐度变化较为剧烈，因此，上述放射性核素具备的特性使其成为探索泥沙、沉积物的来源、输送过程及归属的重要且合适的工具。利用放射性核素，能够开展包括河口和近岸海域的生物地球化学行为、核素在水体中的吸附解吸行为、水体悬浮颗粒物滞留时间、悬浮颗粒物和沉积物的来源、输运和再悬浮作用、沉积速率及年代研究、颗粒物有机碳输送通量、河口的淤积与侵蚀研究，以及营养盐、有机和无机污染物的变化等内容复杂多样的研究。

3.2.1 放射性核素在悬浮泥沙来源、迁移中的应用

海水环境中的颗粒物组成复杂，既有无机物质也有有机物质，如泥沙、有机物碎屑和微塑料等。这些颗粒物都携带有或多或少的放射性物质。悬浮泥沙中的颗粒活性核素有四个主要来源：①水体中母体的衰变，例如，钍－234由铀－238衰变而来，铅－210由氡－210衰变而来；②大气的干湿沉降，例如，铍－7、铅－210；③陆源侵蚀进入河流；④沿岸海水水团与河口水体的交换。通过对悬浮颗粒物或者沉积物中放射性核素差异的分析可了解影响颗粒物或沉积物的来源或者影响其分布的因素。

悬浮泥沙的沉降过程包括聚合、解离、矿化和清除等一系列过程，悬浮泥沙如何沉积下来一直是海洋学研究的热点。在利用单一核素研究颗粒物动力学时，在很多海区都得到了较好的结果，但也有其自身的缺陷。因此，很多研究者引入

了两种甚至三种核素复合研究颗粒物沉降动力过程。例如，国内外学者用短半衰期核素铍－7、钍－234、铅－210等示踪研究近岸和河口区新输入或者再悬浮泥沙的输运。其中铍－7半衰期为53.3天，是宇宙射线轰击大气中的氮或氧产生的；钍－234半衰期为24.1天，是铀－238的第一代子体，极易水解，在海水中主要以水合态形式存在，很容易被颗粒物吸附，是一种颗粒活性极强的放射性核素；铅－210半衰期为22.26年，是铀－238衰变系中的一个子体成员，河口及近岸水体中铅－210主要来源于大气沉降、河流输入及其母体镭－226的衰变，铅－210与钍－234相似，具有很强的颗粒活性，在水体中很容易被颗粒物吸附，并随颗粒物一起沉积下来。

在河口海岸环境中，铍－7可用来指示河流颗粒物，钍－234主要指示海洋颗粒物，而它们二者的活度比值可以用来研究颗粒物来源的变化，也可以评估沉积物的年龄，能够减少颗粒物浓度、种类和粒度大小差异对示踪的影响。此外，利用钍－234可以评估气候所影响的再悬浮沉积物的厚度，同时估算沉积物与污染物的交换速度；利用铅－210和铯－137的分布可以说明沉积物的季节性分布等。利用铅－210可研究溶解态和颗粒态铅－210的清除、迁出速率及停留时间，了解水体中颗粒物的运移机制，示踪海洋边界清除效应。

依据不同核素的半衰期，通过数值模拟，可计算颗粒物（包括泥沙）含量在水体中变化差异，由此就能分别计算出颗粒物运动变化的规律。近年来，国内学者运用铍－7、铅－210、铯－137、钚－239+240等核素示踪研究了东海大陆架颗粒沉积物的来源和输运。有研究表明，在不同河口铍－7和钍－234得出的沉积速率要比铅－210和铯－137计算出的沉积速率高2～10倍，说明河口区域的颗粒沉积物可能存在不同程度的再悬浮作用或者向外迁出。

3.2.2　放射性核素在研究真光层颗粒有机碳迁出中的应用

放射性核素的产生和衰变速率是确定的，利用不同放射性核素之间在海洋环境中含量的变化（如钍－234/铀－238不平衡法、钋－210/铅－210不平衡法），已成为研究海洋颗粒有机碳（POC）循环和输出的重要手段。

海水中的钍－234是由铀－238不断进行α衰变产生的。由于钍－234属于颗粒活性核素，极易从溶解状态转移到颗粒物上，并随颗粒物从水体中迁出，造成了水体中钍－234／铀－238含量的不平衡，而其不平衡程度就成为衡量颗粒物清除与迁出过程强弱的指标。钍－234／铀－238的不平衡也成为生物生产力研究的有力工具，被广泛用于示踪研究海洋真光层海洋生物地球化学。在国内，厦门大学利用钍－234／铀－238的不平衡研究九龙江口、厦门湾、南沙等海域颗粒物输出的强度和定量指标、污染物清除、胶体效应及颗粒碳通量。

钋－210和铅－210也具有颗粒活性，它们容易被颗粒物吸收或者吸附，可以示踪颗粒物在水柱中的行为，钋－210示踪的时间尺度为季度到年际范围。利用海洋水体中钋－210／铅－210的含量不平衡，可以计算水体颗粒物的停留时间，以及颗粒有机碳和颗粒有机氮的输出通量。近十几年，国内学者运用钋－210／铅－210不平衡研究了黄海、东海、南沙及南北极等海域水体颗粒物的停留时间，并研究了相关海域有机碳由真光层向下输出通量。

还有学者运用钍－234／铀－238和钋－210／铅－210双示踪法研究了南极绕极流区域有机碳和生源硅的输出通量，并发现钋－210对颗粒有机碳亲和力较强，而铅－210和钍－234同时对颗粒有机碳和生源硅都有较强亲和力（Friedrich and Rutgers，2002）。

3.2.3　放射性核素在研究海洋有机污染物中的应用

随着工业的发展，人类活动产生了大量的有机物，如塑料、合成纤维、合成橡胶、洗涤剂、染料、溶剂、涂料、农药、食品添加剂、药品等，这些有机物很多可以在环境中长期滞留，不少有机污染物是致畸变、致突变、致癌物质，有些甚至在环境中发生化学反应，转化为危害更大、毒性更强的二次污染物。利用放射性核素（铍－7、铅－210和钍－234）与某些污染物〔多氯联苯（PCBs）、多环芳烃（PAHs）、重金属等〕在海洋环境中能被悬浮颗粒物吸附的特性，可以利用颗粒活性核素示踪研究有机污染物的运动变化情况。

国外有学者利用钍－234／铀－238的不平衡研究发现，排入北大西洋西北部的有机污染物质只有约10%沉降在海岸带，约90%则输入到大陆架和大洋中；利用钍－234和铍－7两种核素研究了哈德逊河口不同重金属的来源的差异。国内学者也开展了一些研究工作，利用放射性核素铍－7、铅－210示踪发现，在海南文教/文昌河口和万泉河口的镉大部分都沉积在河口，而锌和铜大部分都输送到外海。

3.2.4 研究展望

目前，基于多核素示踪研究近海泥沙等颗粒物的技术手段已趋于成熟，如样品的采集方法、核素分析方法、核素测量方法都已经发展得较为完善，但是由于海洋过程的复杂性，还有很多问题值得我们研究。首先，不同河口和近岸海域的地形地貌、水文动力条件差异较大，对于数值计算模型的选择和运用还有很多需要研究的地方；其次，目前对泥沙的示踪研究主要集中在分配、停留时间等整体表观的研究，对于悬浮泥沙的不同组成（如胶体）可能对核素及污染物质的影响机理研究较少，而这些可能决定着泥沙的输运和归宿；最后，多学科交叉的应用还有待进一步深入，比如，如何运用海洋数值模型的方法对近海泥沙输运建立模型，如何将数值模拟和放射性核素结合，是需要进一步深入的问题。相信随着科技的进步，未来肯定有更准确、更综合的研究方法。

3.3 镭同位素研究近海物质输运

近海水体运动的复杂多变给陆源物质向海洋输送的通量估算带来很大困扰，理解河口、近岸水体迁移、混合和与外海的交换过程，有助于定量化评价河流、地下水、大气沉降等途径向海洋输送陆源物质的过程。镭同位素在高盐水体中表现出溶解态特征，可作为研究海洋水体输运的天然"示踪剂"，基于近海水体镭同位素的分布趋势和半衰期差异，能够帮助人们认识不同时间尺度的河口及近岸海域水体运移过程。

镭同位素属于半颗粒活性核素，在淡水中吸附于颗粒物表面，在咸水中较易从颗粒物上解吸附，以二价阳离子的形式存在；母体钍同位素属于颗粒活性核素，无论淡咸水环境大部分均吸附于颗粒物或有机质上。研究证实，在咸－淡水混合区，由于悬浮颗粒物的解吸附和底部沉积扩散作用，产生了过剩镭，使得这一区域的镭呈活跃态势。在海水中溶解态阳离子由于竞争作用而在沉积物表面发生离子交换，使得沉积物表面的镭被释放了出来，所以镭的一个重要地球化学特点是它在水相和固相物质之间存在可逆吸附行为。这种钍－镭之间的地球化学行为差异，即颗粒物上的镭较易被解吸进入水体，或水体中的钍较易吸附于颗粒物而从水体中清除，以致很多自然水体体系常处于钍－镭的非平衡状态。

3.3.1 利用镭同位素估算沿岸地下水排放

自从 Moore（1996）首次提出运用镭同位素示踪沿岸地下水（SGD）以来，有关 SGD 的研究工作越来越受到各国科学工作者的关注。美国东海岸和欧洲地中海沿岸可以说是其中 SGD 研究非常成熟的海岸。Moore 等（2008）根据大西洋表层水体镭－228 的分布特征，估算了镭－228 的损失量和输入量，结果显示从河流、空气粉尘和沉积物输入的总量还不到镭－228 的损失量的一半，故认为这部分差值应该就是地下水的输入造成的；Santos 等（2009a）对美国佛罗里达州沿岸的井水进行了长期观测，利用氡－222 计算了其 SGD 平均速率，发现 SGD 是此区域的重要物质来源，且沿岸 SGD 会受到近岸海水潮汐及当地风暴的影响；Rodellas 等（2015）同样利用镭－228 估算了整个地中海的 SGD 通量，并表明了SGD 就水量及其携带的营养盐等物质而言远大于河流。

尽管我国有关 SGD 的研究起步较晚，不过到目前为止已经开展了许多工作（王希龙，2017）。在我国 SGD 的研究中，有一些比较经典的研究案例，例如，郭占荣等（2008，2011）利用镭同位素分别估算了隆教湾和九龙江河口区的 SGD通量；Liu 等（2012）利用镭同位素示踪了南海北部陆架区的 SGD 通量并估算得出其携带的 DIC 通量；Wang 等（2014）通过对三亚湾海湾及其沿岸地下水中镭－224、镭－226、溶解无机碳（DIC）、总碱度（TA），以及碳酸钙饱和度等的测量分析，发现潮汐驱动地下水是其近岸海水酸化的一个重要来源，进而可能对三亚湾珊瑚礁生态系统产生重要影响；Liu 等（2016）结合氧－18 和镭－226 对闽江河口地下水进行了采样分析并构建相关的混合模型，计算得出了不同季节输入至闽江河口的地下水通量；Hong 等（2017）同样利用镭同位素在我国九龙河口沿岸开展了类似的工作，研究发现通过间隙水交换进入九龙河口的溶解性物质同样占主要部分。上述的结果再一次表明，SGD 对河口及其近岸的物质输入有着重要的作用，而镭同位素是研究 SGD 的重要工具。

3.3.2　研究展望

虽然运用镭同位素示踪法对沿岸地下水排放的研究已经非常成熟，但是在相关工作中仍有一些科学问题尚待深入研究，例如，在定量估算地下水通量上始终存在着较大的不确定性，这主要是由于不同地点的地下水中镭同位素活度范围变化较大导致的。因此，今后的研究中有必要加大沿岸地下水采样的密度，以保证选取的端元更有代表性、更合理；关于镭 – 224 的分配比，以水体镭 – 224 活度计算的沉积物分配比值比解吸实验获得的分配比值要小，其中值得探讨的问题就是，是否是解吸实验中沉积物在运输、储存和分析中被逐渐氧化造成镭的分配比增高。

3.4　利用放射性核素测定海洋地质年代

3.4.1　放射性核素测年的基本原理

每一种放射性核素都具有两个特征：一是随着时间的推移，其放射性的活度或数量有规律地衰减；二是每一种放射性核素都有其自身的半衰期，即活度或数量衰减至一半时所需要的时间。这两个特征都蕴含着时间的因素。这个因素又与放射性核素的活度或数量密切相关。在一个封闭的体系里（即我们拟测定的年代对象），采集垂直的沉积物柱状样。根据需要设计各层段横切面的厚度，测定从顶层到底层各个横切面层段样品的放射性活度。根据放射性活度的差异，计算这个差异变化所需要的时间。这个时间就是我们要测定的地质年代。以上的测年原理可用公式表达，即

$$A = A_0 e^{-\lambda t} \tag{3.1}$$

其中，A_0 是体系形成时最初始的活度，A 是体系形成时最新（近）的活度，λ 是

衰变常数，它与半衰期 T 的关系可用 $\lambda = \ln2/T$ 表达，而 t 是体系形成时至测定时刻的时间间隔，也就是我们所要测定的地质年代。公式（3.1）根据上述关系式可推演为

$$t = \frac{1}{\lambda} \ln \frac{A}{A_0} = \frac{T}{\ln2} \ln \frac{A_0}{A} \qquad （3.2）$$

其中，T（半衰期）有特定的表可查，只要测定 A_0 与 A，那么 T（地质年代）就可测定计算出来。

上述就是利用放射性核素测年的基本原理。

3.4.2 放射性核素测年方法

据厦门大学刘广山研究组归纳，放射性核素测年方法可分为五类：第一类是长时间尺度的年代学方法，通常称为同位素地质年代学方法；第二类是第一类方法的引申，称为辐射成因测年法，原理是这些被测地方是真正利用放射性核素衰变发出的射线与周围物质产生作用的结果进行测年，也称其为辐射损伤方法；第三类是铀系测年方法，即利用环境中存在的天然放射性核素的不平衡测年；第四类是利用宇宙射线产生的核素进行测年的方法；第五类是人工放射性核素测年方法，该方法以人类利用原子能的事件发生时间在海洋或湖泊沉积物中的记录作为参数时间进行年代推算。海洋年代测年应用较多的是第三类与第五类测年方法。五种测年法列于表 3-1。

表 3-1　各种放射性核素测年方法

方法名称	核素	半衰期	测年范围	测年材料或应用
1. 同位素地质年代学方法				
铀/钍-铅法	铀-238/铅-206	铀-238，4.468×10^9 年	$>10^7$ 年	锆石、沥青铀矿、独居石、某些全岩、熔岩流、沉积岩、侵入火成岩、变质岩
	铀-235/铅-207	铀-235，7.038×10^8 年		
	钍-232/铅-208	铀-232，1.41×10^{10} 年		
	铅-207/铅-206			
钾-氩法	钾-40/氩-40	钾-40，1.28×10^9 年	$>10^5$ 年	含钾矿物或岩石

续表

方法名称	核素	半衰期	测年范围	测年材料或应用
铷－锶法	铷－87/ 锶－87	铷－87，4.8×10^{10} 年	$>10^7$ 年	白云母、黑云母、微斜长石、花岗岩、片麻岩等富铷的矿物或岩石
碘－氙法	碘－129/ 氙－129	碘－129，1.57×10^7 年	$<10^8$ 年	陨石、月球物质、火星物质等地外物质
钐－钕法	钐－147/ 钕－143	钐－147，1.06×10^{11} 年		陨石、月球物质、火星物质等地外物质
铼－锇法	铼－187/－ 锇 187	铼－187，4.3×10^{10} 年	$>10^8$ 年	陨石、金属硫化物、稀钍矿物
……	……			
2. 辐射成因方法				
氦－4 积累法	氦－4/ 铀		$0 \sim 10^8$ 年	珊瑚、地下水、化石、磷灰石
裂变径迹法			>0.5 年	玻璃、磷灰石、赭石、锆石、绿帘石、赫帘石、角闪石、石榴石、辉石、长石、云母等
热释光方法			$10^2 \sim 10^6$ 年	陶瓷、燧石、炉灶、海洋沉积物
光释光方法			$10^2 \sim 10^6$ 年	
电子自旋共振方法			$2 \times 10^3 \sim 10^7$ 年	磷酸盐沉积物、珊瑚、贝壳、骨头、火山灰、海洋沉积物
3. 铀系法				
钍－235 累积法	铀－234/ 钍－230	钍－230，7.54×10^4 年	$<3.5 \times 10^5$ 年	海相和陆相碳酸盐，包括化石、珊瑚、洞穴碳酸盐沉积物、骨头、石灰岩等
镤－231 累积法	铀－235/ 镤－231	镤－231，3.43×10^4 年	$<1.5 \times 10^5$ 年	
钍－228 累积法	钍－228/ 镭 228	钍－238，1.91 年	$1 \sim 5$ 年	海洋生物甲壳
镭－226 法	镭－226	镭－228，5.75 年	$<10^4$ 年	海水
镭－226 过剩法	钍－230/ 镭－226	镭－226，1.6×10^3 年	$<10^4$ 年	海洋和陆相碳酸盐、重晶石
铀－234 过剩法	铀－238/－ 铀 234	铀－234，2.45×10^5 年	$<1.25 \times 10^6$ 年	化石、地下水、珊瑚

续表

方法名称	核素	半衰期	测年范围	测年材料或应用
钍–230 过剩法	铀–234/ 钍–230	钍–230，7.52×10^4 年	$<3 \times 10^5$ 年	深海沉积速率、铁锰结核、铁锰结壳
镤–231 过剩法	铀–235/ 镤–231	镤–231，3.43×10^4 年	$<1.5 \times 10^5$ 年	
钍–234 过剩法	铀–238/ 钍 234	钍–234，24.1 天	100 天	浅水快沉积速率、颗粒物停留时间、再搬运与成岩作用研究
钍–228 过剩法	镭–228/ 钍–228	镭–228，5.75 年 钍–228，1.913 年	10 年	湖泊、港湾及近岸海洋环境沉积速率，地球化学示踪、沉降速率
铅–210 过剩法	镭–226/ 铅–210	铅–210，22.26 年	100 年	
4. 宇生放射性核素测年方法				
铍–10 法	铍–10	1.5×10^6 年	$10^6 \sim 10^7$ 年	深海沉积物，海洋铁锰结核壳和结核
碳–14 法	碳–14	5 730 年	$10^3 \sim 5 \times 10^4$ 年	木头、木炭、泥炭、谷物、织物、贝壳、凝灰岩、地下水、沉积物、生物化石
铝–26 法	铝–26	7.3×10^5 年	$10^5 \sim 3 \times 10^6$ 年	沉积物
硅–32 法	硅–32	150 年	$100 \sim 1\,000$ 年	硅质沉积物、海洋沉积物、地下水
氯–36 法	氯–36	3.1×10^5 年	$<10^6$ 年	泥质沉积物、洞穴碳酸盐沉积物、蒸发岩、地下水
钙–41 法	钙–41	1.3×10^5 年	$<5 \times 10^5$ 年	含钙沉积物、骨头
碘–129 法	碘–129	1.57×10^7 年	$<10^8$ 年	海洋沉积物、油田卤水、热液体系
5. 人工放射性核素测年方法				
	铯–137	铯–137，30.17 年	1950 年到现在	海洋沉积物，湖泊沉积物，陆地侵蚀物
	锶–90	锶–90，28.1 年		
	钚–239 + 240	钚–239，2.42×10^4 年 钚–240，6.57×10^3 年		
	碘–129	碘–129，1.57×10^7 年		

注：摘自刘广山（2016）。

3.4.3 测年的时间尺度与时间分辨率

3.4.3.1 天然放射性核素测年的时间尺度与半衰期规则

地质年代学研究中，测年时间尺度是人们最为关心，也是选择测年方法必须考虑的。通常以测年核素半衰期为参数，一般认为测年核素半衰期的 0.5 ~ 5 倍是可能的测年时间尺度，我们将其称为半衰期规则。例如，铅 210 半衰期为 22.3 年，则可测年的时间尺度为 10 ~ 100 年；碳－14 半衰期为 5 730 年，可测年的时间尺度为 25 000 ~ 30 000 年。表 3-2 列出某些作者提出的常用测年核素的半衰期。在半衰期规则的基础上，随着测量技术精度的提高或测年截止核素浓度较高，测量时间尺度还有拓展的空间。

表3-2　不同学者标出的测年核素半衰期

核素	格拉希维里等，2004	卢玉楷，2004	刘运祚，1982	核素图表编制组，1977	Faure and Mensing, 2005	Ivanovich and Harmon, 1992
铀 –226	4.468×10^9 年	$4.468\ 3 \times 10^9$ 年	4.468×10^9 年	4.51×10^9 年	4.468×10^9 年	4.5×10^9 年
钍 –234	24 .1 天	24.1 天	24.1 天	24.1 天	24.1 天	24.1 天
铀 –234	2.455×10^5 年	2.455×10^5 年	2.45×10^5 年	2.44×10^5 年	2.45×10^5 年	2.48×10^5 年
钍 –230	7.538×10^5 年	7.538×10^5 年	7.7×10^5 年	7.7×10^5 年	7.54×10^5 年	7.52×10^5 年
镭 –226	1 600 年	1 600 年	1 600 年	1 602 年	1 599 年	1 602 年
铅 –210	22.3 年	22.3 年	22.26 年	22.3 年	22.6 年	22.3 年
钋 –210	138.376 天	138.376 天	138.38 天	138.4 天	—	138 天
铀 –235	7.038×10^8 年	7.038×10^8 年	7.038×10^8 年	7.1×10^8 年	7.038×10^8 年	7.1×10^8 年
镤 –231	3.276×10^4 年	3.276×10^4 年	3.276×10^4 年	3.25×10^4 年	3.25×10^4 年	3.43×10^4 年
锕 –227	21.773 年	21.773 年	21.773 年	21.77 年	21.77 年	—
钍 –227	18.718 天	18.72 天	18.718 天	18.2 天	—	—
钍 –232	1.405×10^{10} 年	1.405×10^{10} 年	1.41×10^{10} 年	1.4×10^{10} 年	1.401×10^{10} 年	1.39×10^{10} 年
镭 –238	5.75 年	5.75 年	5.75 年	5.75 年	5.76 年	5.75 年
钍 –228	1.912 6 年	1.911 6 年	1.913 年	1.913 年	1.913 年	1.918 年

续表

核素	格拉希维里等，2004	卢玉楷，2004	刘运祚，1982	核素图表编制组，1977	Faure and Mensing，2005	Ivanovich and Harmon，1992
碳 –14	5 700 年	5 730 年	5 730 年	5 692 年	5 730 年	5 730 年
铍 –10	1.51×10^6 年	1.51×10^6 年	—	1.6×10^6 年	1.51×10^6 年	1.5×10^6 年
硅 –32	172 年	172 年	—	~ 450 年	140 年	~ 150 年
碘 –129	1.61×10^7 年	1.57×10^7 年	1.6×10^7 年	1.57×10^7 年	1.57×10^7 年	1.64×10^7 年

注：摘自刘广山（2016）。

3.4.3.2 人工放射性核素测年的时间尺度

人工放射性核素测年的时间尺度区间是一定的，就是从人类利用原子能开始至现在的一段时间。1945 年，美国开始核试验。1962 年，美国和苏联的大气层核试验达到高潮，产生的放射性物质进入平流层。通过平流层的大气环流输运到全球。一年后，这些放射性物质又返回对流层并沉积在地表的陆域和海域。至此，1963 年就成为全球最大放射性沉降年。利用人工放射性核素的测年，通常把 1963 年作为起始点的参数时间，在沉积物岩芯中会在该时间出现人工放射性核素分布的峰值。也有文章将人工放射性核素的测年起始点拓展到 20 世纪 50 年代。

3.4.3.3 时间分辨率问题

时间分辨率受两个方面的因素影响。

1）分样影响

以海洋沉积物为例，样品横切面可分割的厚度影响了时间分辨率，沉积物岩芯可分割的厚度在 1 厘米左右。当沉积速率为 1 厘米 / 年，分辨率为一年，该时间与可测年最短时间一致。

2）测量精度的影响

决定时间分辨率的第二个主要因素是测量精度。很明显，如果两个相邻样品的年代在误差范围内一致，则是不可分辨的。好的测量结果总是在核素活度变化大，但又适合于分辨操作的时间和空间尺度。当核素活度随深度变化不大，或者说这种变化在误差允许的范围内时，测量结果就要受到质疑。

3.4.4　测年对象的应用

在测定年代的最基本原理中，由公式（3.3）表达，

$$t = \frac{T}{\ln 2} \ln \frac{A_0}{A} \qquad (3.3)$$

但不是一成不变，还要根据所使用的不同放射性核素，其衰变的母体与子体的特点，引入不同的校正参数。

利用相关放射性核素的测年原理，已应用的测年对象（介质）有珊瑚礁测年、海洋磷灰石测年、海洋热液沉积测年、考古样品铀系法测年、深海沉积物测年、表层沉积物测年、中国边缘海现代沉积物测年、湖泊沉积物测年等。

3.4.5　沉积速率与生长速率测定原理

沉积速率是沉积物在单位时间累积的厚度，一般以厘米／年或毫米／千年表示。

在合适的年度范围内，放射性核素在沉积物中随深度的增加呈指数衰减趋势（图 3-2）。沉积物中放射性核素活度随深度变化，可表示为

$$A_l = A_{l_0} e^{-d(l - l_0)} \qquad (3.4)$$

式中，A_l 和 A_{l_0} 是 l 和 l_0 深度沉积物中的核素活度，d 为实验参数。设所研究的岩芯有关层段具有不变的沉积速率，即每年沉积物厚度的增加是常数，设为 V，则有 $V_{\Delta t} = l - l_0$。式中，Δt 为沉积物从 l 累积到 l_0 深度经历的时间。

经过公式的推演，最终可将沉积速率表达为

$$V = \frac{\ln 2}{dT} \qquad (3.5)$$

式中，T 为核素的半衰期，只要求 d 就得知 V（沉积速率）。只要测定 l 和 l_0 深度处沉积物中的核素比活度 A_l 和 A_{10}，按基本原理公式（3.5），取对数就可求出 d。

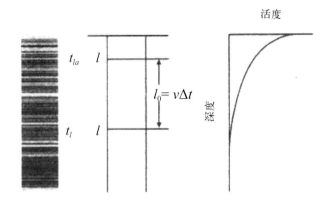

图3-2　沉积速率计算

来源：刘广山（2016）

沉积速率的应用包括：

（1）在海洋放射年代学的研究中，测年核素的初始浓度值，是未知或不准确的，需通过沉积速率推演各层段的年代；

（2）在航道清淤或新建码头等海洋工程时，就必须测定沉积物的沉积速率，以了解工程周边海域沉积物的堆积情况；

（3）极地冰雪、高山冰雪、珊瑚、多金属结核等沉积速率或生长速率的测定。

4 放射性核素在其他领域的巧用善用

4.1 核电

为了应对温室效应，减排二氧化碳，保护生态环境，世界主要经济发达国家都在设法减少对煤炭、石油、天然气等传统能源的依赖，目前在几种可代替的能源中，如水电、风电、太阳能、核能，只有核能可形成工业规模，能稳定地提供所需要的电力。但核电的安全问题也是公众关注的热点。

4.1.1 核电是一种稳定而又能改善环境的能源

4.1.1.1 发电能源的选择

为了应对温室效应，《联合国气候变化框架公约京都议定书》要求减少二氧化碳的排放，要兑现减排的份额，有如下几种能源可供选择。

风力发电：占地面积大，功率小，难成规模发电；

水力发电：水源不稳定，旱季成规模发电困难；

潮汐发电：受潮汐量限制，技术难于普遍推广；

太阳能发电：受到发电规模和地盘限制。

可见上述几种电力在日常的生活、工作、生产中难当主角作用，只能作为电力的补充。而作为主要电力来源的火力发电，因二氧化碳排放量大、污染环境，容易造成温室效应。

国内外的环保专家普遍认为，发展核电（图4-1）是改善环境的重要措施。核能发电是人们又怕又爱的能源。怕的是它一旦发生事故会对局部生态系统造成破坏，甚至造成人类伤亡；爱的是，就现有的科学技术而言，它是一种较安全、清洁、能掌握其发电规模的稳定能源，发电成本低、不排放二氧化碳，是温室效应的克星。

图4-1　大亚湾核电厂外观

来源：https://baike.baidu.com/item/大亚湾核电站/1022211

4.1.1.2　火力发电与核能发电对环境影响的比较

煤炭发电排入环境的有害物质比核电厂还多。一般而言，一座100万千瓦的火电厂每年需要大约300万吨煤，排放的有害物质如表4-1所示。

表 4-1　一座100万千瓦火力发电厂每年排放到环境的有害物质

砷/吨	镉/吨	铜/吨	铅/吨	汞/吨	钛/吨	铀/吨	锌/吨	镭/克	苯并比
75	25	30	30	0.3	4.3	2	215	0.68	0.3克/1吨煤

此外，火电厂煤燃烧后不但排放二氧化碳，还释放二氧化硫和氮化物。这些二氧化硫、氧化氮与雨水相结合而形成酸雨使土壤酸化、水源酸度升高，对农作物、森林造成有害影响。

火电厂也排放放射性物质，如表 4-2 和表 4-3 所示。

表 4-2　1 千克煤所含放射性物质

单位：贝可

钾 - 40	铀 - 238	钍 - 232	镭 - 226
50 ~ 104	20	20 ~ 30	30

表 4-3　火电厂 1 千克烟灰所含放射性物质

单位：贝可

钾 - 40	铀 - 238	镭 - 226	铅 - 210	钋 - 210	钍 - 232	钍 - 228	镭 - 228
265	200	240	930	1 700	70	110	130

一座 100 万千瓦的核电厂每年只需 28 吨铀 - 235。核电厂不像火电厂那样排出大量烟尘、二氧化硫及重金属等有害物质。虽然与火电厂同等规模的核电厂，其反应堆里初始产生的放射性物质是火电厂的几十倍，但它有两个特征使之不会污染环境：一是许多短半衰期的放射性物质，会不断衰变成无毒或毒性很少的其他物质；二是核电厂产生的固体、液体和气体等放射性废物都有极为严格的"三废"处理工艺，废物达标后才能排入环境，"三废"处理后，放射性含量仍较大的固体废物都用高级金属桶或高级玻璃容器封装贮存，这两种容器都是耐腐蚀的，存放地点也是精心改造的极深废矿井，并严格地与地下水源等环境介质隔离开来。核电厂产生的放射性物质经"三废"处理后排入环境中的，仅为同等规模火电厂放射性废物的十万分之一。而且"三废"处理作为一门辐射防护科学技术也在不断地研究，提高和改善其处理水平。

相反，火电厂产生废物没有像核电厂那样经过严格处理与隔离措施再排入环境。1978 年，美国医学协会就指出火电厂造成的死亡率是相同规模核电厂的 400倍。1980—1986 年，法国核电的电力占比由 24% 上升至 70%，发电量增加了40%，而二氧化硫的排放量却减少了 56%，氧化氮减少了 9%，粉尘减少了 36%。

4.1.1.3　核能发电是保护环境的有效途径

由联合国气象机构发布的最新调查报告称，2016 年，全球排入大气中的二

氧化碳突破 400×10^8 t，这是产生温室效应的根源。自 1860 年工业化以来，地球大气中二氧化碳浓度增加了 25%，其中一半是 1960 年以来增加的。如果不加以控制地按目前的趋势发展下去，再过 500 ～ 1 000 年，地球上将会出现灭绝人类的高温。

核能不会排放二氧化碳，1986 年 11 月在举行世界气候讨论会后，欧洲共同体委员会在发表的公报中，第一点建议就是，为应对"温室效应"，尤为重要的是要大力发展核能发电，因为核能不会对气候产生有害的影响。

世界上现有的核电厂使二氧化碳的排放量减少了约 20 亿吨，是目前总排放量的 10%，也是 1988 年多伦多会议提出目标的 55%。所以发展核能发电，是满足能源需求并保护环境的有效途径。

4.1.2　核能发电的安全保障措施

核能发电被认为是一种较清洁而安全的能源，是因其有许多安全保障措施，而不是凭空想象出来的。

4.1.2.1　核电厂的选址

从核安全的角度来看，核电厂的选址最关键。选址必须考虑两个因素：一是社会公众和环境免受放射性事故所引起的过量放射性辐射影响；二是防止突发的自然事件或人为事件对核电厂的破坏影响。

选址的措施包括：

（1）厂址要选在人口密度低、易隔离、远离经济发达地区的地方。

（2）在待选厂址半径 300 千米的区域内，检查历史上是否有过地震，针对性地考虑设防措施。

（3）追溯检查该地址 2 000 年前发生地震的记录，并预测 50 年一遇地震发生概率。

（4）调查厂址半径 80 千米区域内的地质、水文、气候、人口条件、交通和危险设施。

（5）选址周边要有充分的水源。核电厂的运转需要大量的冷却水，一座近

100万千瓦的核电厂，其冷却水的总流量为2 400吨/时，而一座120万千瓦核电厂的废水量每年就有2 371万吨。作为生态环境要素的海水，是取之不尽的核电厂冷却资源。我国的核电厂厂址绝大部分都选在沿海一带。严格的核电厂选址指标系统为核电厂创造了安全的前提。据中国科学院院士、核物理学家陈达教授介绍，我国已建和在建的核电厂都没有处在地震带上。

4.1.2.2 核电厂建筑结构具有高度的安全性

1）核电厂工作原理

由于我国核电建设的主要堆型是压水堆（图4-2），故以下的介绍都以它为例。火力发电是通过燃烧煤，使锅炉的水变成高温高压蒸汽，蒸汽在汽轮机里膨胀，推动叶片转动再带动电机发电；核电厂与火电厂相似，都是利用水作为传热介质，再利用蒸汽发电。不同之处在于生产蒸汽的方式，核电厂是利用铀－235作为燃料，铀－235裂变产生能量作为热源。

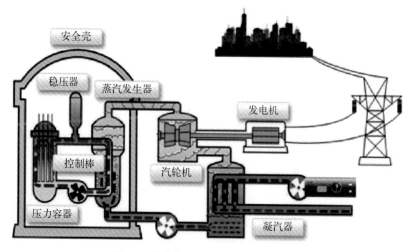

图4-2 核能发电（压水堆）的基本原理

来源：http://dy.163.com/v2/article/detail/E2UGGPMP0519KING.html

美国核能管理委员会（National Regulatory Commission）

2）核电厂简单的工作过程

（1）制造蒸汽

火电厂是通过煤的燃烧，直接把锅炉里的水变成高温蒸汽；压水堆通过铀－235 裂变产生热量把水变成蒸汽，但它是把炉与锅分开的，反应堆是炉，蒸汽发生器是锅，两者用管道连接在一起。

（2）热能传递

在循环水泵的驱动下，冷却水在反应堆与蒸汽发生器之间循环流动，将反应堆的热量带到蒸汽发生器里，使水变成高温高压蒸汽。

（3）隔离放射性

在蒸汽发生器中，有无数并列的细管。外来的冷却水进入反应堆，流经堆芯，吸收铀－235 裂变释放的热量，热水流经蒸汽发生器的管内，这就是一回路；另一路循环水是在蒸汽发生器的管壁外流动，靠着管壁的热交换把一部分水变成高温高压蒸汽，进入汽轮机并带动发电机发电，余下的冷却水重新送进反应堆，这就是二回路。一、二回路的特点是它们的水互不接触，即使来自反应堆的水（一回路）含有少量的放射性，也不会外溢污染环境；靠着一、二回路与外来的海水或江水等冷却水，如此往复地闭路循环。

3）严密的安全屏障

正常运行的核电厂，按照纵深设防的原则，有多道安全屏障，所产生的放射性轻易是不会溢出来的。

第一道屏障是核燃料形态，压水堆（图 4-3）的核燃料是制成二氧化铀形式的陶瓷块，耐高温，裂变时在高达 2 800℃的情况下，产生的大部分裂变产物仍然是固体状态，98％以上的放射性物质仍保留其中，不易扩散。

第二道屏障是核燃料棒的包壳。二氧化铀的陶瓷块组装成棒状，称核燃料棒，它是由优质的锆合金密闭包封的（图 4-4）。运行三年，其破损率才十万分之几。由此泄漏的放射性很少，且极易检测到，可及时采取应对措施，对安全影响不大。

第三道屏障是压力容器，由核燃料棒组成的反应堆堆芯被密封在厚达 20 厘米的高大压力容器内，即使几根燃料棒的包壳破裂，泄漏的放射性物质也停留在反应堆内，不会排入环境中。

第四道屏障是安全壳（图 4-5），整个反应堆连同蒸汽发生器，是安装在安

全壳内的。安全壳高达 70 米，厚 1 米，即使反应堆出现事故，放射性物质也不
会溢出安全壳外。

图4-3 核电厂的反应堆

来源：http://blog.sina.com.cn/s/blog_71417afb0100v85l.html

图4-4 核燃料棒

来源：https://www.sohu.com/a/314871919_99982724?sec=wd

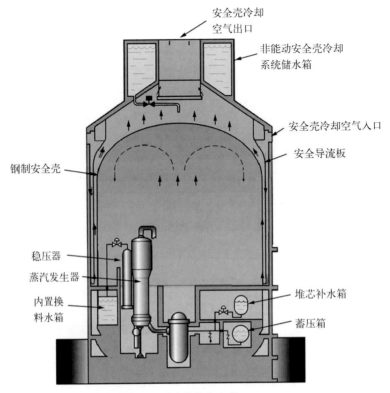

安全壳冷却
空气出口

非能动安全壳冷却
系统储水箱

安全壳冷却空气入口

安全导流板

钢制安全壳

稳压器

蒸汽发生器

内置换
料水箱

堆芯补水箱

蓄压箱

图4-5　反应堆的安全壳AP1000

来源：http://jst.tsinghuajournals.com/CN/rhhtml/20181112.htm

4）自动控制反应堆功率平衡

在火电厂煤燃烧过程中，没有氧气，煤就不可能燃烧，可以通过控制风量来控制煤的燃烧，达到平衡锅炉的火力。

核电厂的炉子，即反应堆，是通过中子轰击铀–235，使之裂变产生热能起到"烧煤"的作用。没有中子的轰击，就不可能有大量的原子裂变制造热能。因此，通过调节中子的数量来达到调节反应堆铀–235裂变反应的规模，以达到调节反应堆功率的目的。

在反应堆的组件中就有产生中子的中子源。调节中子的数量，是通过移动控制棒来实现的（图4-6）。控制棒是由易吸收中子的镉或碳化硼制成，垂直放置，可以上下移动。控制棒插入反应堆，中子被控制棒吸收的多，而用于轰击铀–235的少，因而铀–235裂变规模小，反应堆功率下降；反之，控制棒抽出，轰击铀–

235 的中子多，铀裂变规模就大，反应堆的功率提高。总之，控制棒是调节反应堆功率平衡的工艺。

图4-6　反应堆的控制棒

来源：http://roll.sohu.com/20131204/n391231890.shtml

4.1.3　核电厂不是原子弹

社会大众受到第二次世界大战时美军在日本广岛、长崎投放原子弹产生大规模人类灾害的影响，长期以来谈核色变，原子弹对人类造成危害的阴影挥之不去。到了和平利用原子能时期，仍然把核电厂等同于原子弹。

核电厂与原子弹相同的地方是，两者都是以铀－235 或钚－239 为燃料，利用这些燃料在中子的轰击下产生链式反应放出的能量。很多人就以这种"相同"为依据，认定核电厂也像原子弹一样会爆炸。

大家知道，啤酒和高度数的白酒都含有乙醇，但啤酒不能燃烧，而白酒能燃烧。正如啤酒和白酒有差别一样，核电厂和原子弹的差别更大。这种差别首先表现在核燃料的密度上。原子弹是利用高效炸药的聚心爆炸，将两块或多块浓缩度为 90% 以上的高纯度核燃料，在极短的时间内，从两面或四面八方挤在一起，所以核燃料的密度极高；而在反应堆内，以压水堆为例，它的核燃料浓缩度只有 3%，而且与氧原子结合在一起，成为二氧化铀。在原子弹中，核燃料之间没有其他物质；而在核电厂中，这些密度已经很低的核燃料，又装在锆包壳内，锆包壳则浸泡在大量作为冷却剂和慢化剂的水中。

由于上述核电厂与原子弹在铀–235密度的差别，加上反应堆的设计者采取措施来减慢核电厂反应堆链式反应，而原子弹则相反，是采取措施加快链式反应速度，这使两者的链式反应速度可以相差几千万倍，原子弹会在极短的时间内爆炸，形成极高的温度及强烈的冲击波，造成巨大的破坏；而核电厂的反应堆则不可能像原子弹那样爆炸。

也许有人认为不符合事实，因为苏联切尔诺贝利核电厂、日本福岛核电厂也发生过爆炸。大家要明白，原子弹与核电厂这两种爆炸在起因与规模及破坏力上相差甚远。上述两个核电厂的爆炸是蒸汽爆炸，这种爆炸是由于反应堆的功率升高太快，得不到冷却水的及时降温，并且少量的冷却水急剧气化，产生大量蒸汽所致。

4.1.4 科学理性看待核电厂的负面影响

任何事物都具有两面性，核电厂在正常情况下运转，其优点毋庸置疑。可是一旦发生事故，虽不像原子弹爆炸那样惨烈，但它给环境和人类健康带来的负面影响也是一种灾难。自1954年苏联建成第一座核电厂以来，全球已经运行13 000堆年，期间发生过18次重大事故。

国际原子能机构针对核技术利用等相关实践中发生的核与辐射事件，分析这些事件对人和环境的等影响的安全意义，并依据相应的分级原则对核与辐射事件进行分级，于1990年制定完成国际核事故分级标准（International Nuclear Event Scale, INES），作为核电站事故对安全影响的分类。自2001年以来，这种基于网络的INES信息服务已被INES成员用于向各国科技界、公众等通报事件。国际核事故分级表把核事故共分成7级，其中对安全没有影响的事故划分为0级，影响最大的事故评定为7级。

1级：工厂内部操作违反安全准则，对工厂外部没有任何影响；

2级：工厂内可能有核物质污染扩散，或直接对员工造成过量辐射或操作严重违反安全规则；

3级：工厂内部发生很小的事件，对工厂外部的影响为其辐射剂量在允许的范围内；或者工厂内有严重的核污染并至少影响到一个工作人员的安全；

4级：非常有限但明显高于正常标准的核物质散发到工厂外部，或者反应堆严重受损，或者工厂内部人员受到严重辐射。

5级：有限的核污染物质泄漏到工厂外，需要采取一定措施来挽救损失；

6级：一部分核污染物质泄漏到工厂外，需要立即采取措施来挽救这种损失；

7级：大量核污染物泄漏到工厂外部，造成巨大健康和环境影响。

通常，1～3级称为"事件"，4～7级称为"事故"，无安全意义的事件又可被划分为"分级表以下或0级"。在核电核污染中，1～3级只涉及核电厂内部，4级以上的核事故涉及对人、设施或环境造成严重的实际后果。据此梳理了至今发生的重大事故中，5级以上核事故只有3起。

4.1.4.1　美国三里岛核电厂事故原因

1979年，在事故发生的前两天，反应堆进行检修。检修工作结束后，工人忘记打开冷却泵的进水阀门，反应堆另一端冷却水不断流出，而系统自动加水的高压进口又被控制人员错误地关闭了，把自动注入的冷却水挡了回去，结果堆芯冷却水逐渐丧失，致使燃料棒包壳熔毁，溢出放射性物质。但12小时后得到控制，事故被定为5级。

4.1.4.2　苏联的切尔诺贝利核电厂事故原因

1986年，苏联的切尔诺贝利核电厂事故不是在生产过程中发生的，而是在停堆以后，对电机性能进行试验时发生的。负责试验的人员为了快速进行测试，切断了反应堆安全保护系统，使反应堆内的控制棒大部分抽出，致使反应堆功率失去控制。安全保护系统无法工作，反应堆内的水迅速气化，导致氢气爆炸。切尔诺贝利核电站的发电堆不是压水堆，也没有一层2米厚的钢筋水泥安全壳，反应堆里又有大量石墨作为慢化剂，石墨是碳质，在高温下极易燃烧，气浪与放射性气体一同冲上几十米高的天空。19天后事故处理完毕，被定为7级。

4.1.4.3　日本福岛核电厂事故原因

2011 年 3 月 11 日，日本宫城县仙台市往东 130 千米海域（38.1°N，142.0°E）发生 9.0 级特大地震，并且引发特大海啸横扫日本沿海的宫城、岩平、福岛等地区。海啸摧毁了核电厂驱动冷却系统的电力，反应堆得不到冷却，产生的热量无法释放出去，反应堆的燃料棒被熔毁，在蒸汽发生器里产生的高温高压无法散发，导致蒸汽爆炸。

从上述三个事件可以看出，事故的根本原因是反应堆的冷却系统遭到破坏。受到破坏的原因，前两个是人员操作失误，后一个是自然和人为因素叠加造成的。

4.1.4.4　中国开展第三代核电技术的研究

1）自主创新，使核电安全再上新台阶

新产品"华龙一号"为核电生产安全保驾护航。中国广东核电集团公司的技术专家，在 20 世纪初 80 年代引进国外先进的核电技术，通过消化、吸收再创新，经过 20 多年的精心设计，已形成自主知识产权的三代核电技术，首堆"华龙一号"示范工程于 2015 年 5 月 7 日在福清核电厂正式开工建设（图 4-7）。

图4-7　"华龙一号"反应堆外观

来源：http://swnro.mee.gov.cn/zhxx_14351/hyzx/201803/t20180326_433010.shtml

2）"华龙一号"主要技术特点

（1）有效应对电（动力）源的丧失。在反应堆的冷却装置中创新设计自动与非自动相结合的安全系统,在非自动部分,有三个冷却水箱储有 3 000 吨重量的水,满足厂内 72 小时的自救需求。

（2）导出事故堆内的热量。非自动系统的另一装置，是不需要电源，而是只靠重力、温差、密度差的自然驱动实现反应堆内高温液体的流动和传热功能。

（3）设有备用电源。核电厂冷却系统一旦出现事故，移动水泵保证冷却系统有替代措施。

（4）设有散热与消氢系统。在反应堆的安全壳内，设计 12 个换热器，换热面积超 1 000 平方米，用于事故堆内的散热。设置的消氢系统，在事故发生时，可通过催化剂限制安全壳内的氢浓度，避免氢气燃烧爆炸。

（5）反应堆内外保护的设计。反应堆设有双层安全壳，其功能内外分离，内壳抵御发生事故时的高温高压，外壳保护内壳抵御外来灾害，如飞机等外物的撞击。

据新华社福州 2020 年 11 月 27 日电,27 日凌晨我国自主三代核电"华龙一号"全球首堆——中核集团福清核电 5 号机组首次并网发电成功。经现场确认，该机组各项技术指标均符合设计要求，机组状态良好，为后续机组投入商业运行奠定坚实基础。此次全球首堆并网，采用自动与非自动相结合的创新性安全系统，标志着中国打破国外核电技术垄断，真正意义上成为拥有世界先进水平的三代核电技术的国家，正式进入核电技术先进国家行列。

3）设计钍反应堆

利用放射性钍作为核燃料，其优点包括以下几个方面：

（1）产生有害废料比铀少，系统不易引发灾害。

（2）反应堆过热时可以自救，无须通过电脑控制或电源运作。

（3）能够在大气的压力下运行，不会发生氢气爆炸，不会有核辐射释放。

（4）它与铀相比中子产额更高，裂变率更高，燃料使用周期更长。

这种堆型目前尚处于设想阶段。

4）新型反应堆

科学家对反应堆还有另一种新的设想，尽管至今尚未实现，但也是核安全研究的方向之一。这种设想是：

（1）每根燃料棒由无数个燃料球组成，球外用石墨包裹成保护层，保护层能调节核反应堆速率，遇到紧急情况，可确保核反应堆功率自行缓慢停止，避免烧毁。

（2）用氦气冷却，即使发生事故没有冷却剂，反应堆也会逐步散热。

4.1.4.5 科学理性看待核电的负面影响

1）正常运行的核电

人类与所有生物都生活在一个具有天然放射性与人工放射性的生物圈中，放射性无时不有，无处不在。在评价放射性环境质量时，通常以天然辐射量作为本底参考值。1989 年，曾有人统计来自不同辐射的全球一年剂量负担，如果把天然辐射源的照射量设为 100，包括商业航空旅行、磷酸盐肥料生产、1 万兆瓦的火力发电、有辐射的日用消费品、8 万兆瓦的核电、1951—1976 年核爆年均照射，以及医疗诊断辐射等主要人工辐射源照射的剂量，累加起来的总和仅为天然辐射量的 28.51%。其中核爆试验占 8.22%，医疗诊断占 19.18%，核电占 0.16%，其他占 0.95%。人们在日常生活中可能受到的辐射和放射性损伤机制如表 4-4 和图 4-8 所示。

表 4-4　人们在日常生活中可能受到的辐射

项目	受照剂量 / 毫希
每年每人受天然辐射平均	2.4
宇由射线	0.4
地面 γ 线	0.5
吸入（主要为氡气）	1.2
食入	0.3
乘飞机（10 小时）	0.03
每天抽 20 支烟	0.5 ~ 1.0
一次 X 光检查	0.1 ~ 0.2
戴夜光表	0.02
居住核电站周围人群每人每年	0.000 2

注：摘自生态环境部华北核与辐射安全监督站的资料。

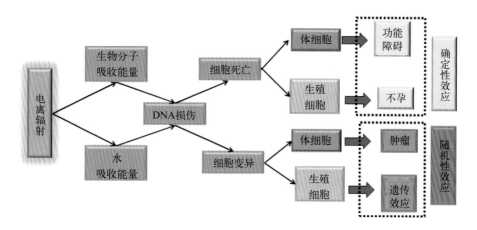

图4-8　放射性损伤机制

来源：https://wenku.baidu.com/view/b5cc59044a7302768e993940.html

2）日本福岛核电事故的影响

（1）当地情况：福岛核电厂是世界最大的核电厂之一。由东一厂6台机组和东二厂4台机组构成，均为沸水堆。2011年3月11日，事故发生时距离核电厂30千米的2万居民撤离。3月30日核电厂排水口附近事故的主要标记物碘－131超标3 355倍，15米深的地下水碘－131超标1万倍。4月4日擅自排掉1.15×10^4吨水入海。

（2）我国空气监测情况：4月30日，我国31个省份空气监测到极微量碘－131，其中北京、天津、山西、山东、内蒙古、河南、贵州、宁夏8省份在空气中没有监测到铯－134和铯－137。表4-7为国际上规定的空气中放射性容许浓度。

国家海洋局第三海洋研究所从2011年3月14日开始持续2个多月负责检测来自我国东海、黄海、南海的海水样品195个，与国标食品中的人工放射性和天然放射性物质限制浓度标准对比，鱼虾贝藻等生物50多种的铯－137、锶－90和天然核素浓度均没有发现异常（表4-5和表4-6）。

（3）西太平洋调查：从日本福岛核事故发生的当年，即2011年开始，直到2018年，整整8年，每年2次，国家海洋局第三海洋研究所在西太平洋离福岛以东400千米的公海海域开展监测调查，面积达25平方千米。调查结果表明：2011年5—6月，表层海水中铯－137含量比本底高300倍。事故前未能检测到

的事故特征核素铯 – 134 也被检测到了，含量高达 725 贝可 / 米 ^{3}，在巴特柔鱼中也检测到在大洋从未检测到的银 110m，含量为 3.23 贝可 / 千克（鲜）。2015 年在我国管辖海域海水中检测到核事故特征核素铯 – 134，含量为 1 ~ 2 贝可 / 米 ^{3}，由于含量低，对我国海域环境安全不构成危害（表 4–7 和表 4–8）。

西太平洋海域调查中，这几种放射性核素呈现逐年降低的趋势，至 2018 年已降至本底左右的水平。

2011—2013 年对日本福岛县海域的海产品检测，结果表明核事故核污染也是在变化的。

表 4-5　食品中人工放射性物质限制浓度标准

单位：贝可 / 千克

食品	氚	锶 –89	锶 –90	碘 –131	铯 –137	钷 –147	钚 –239
粮食	2.1×10^5	1.2×10^3	9.6×10^1	1.9×10^2	2.6×10^2	1.0×10^4	3.4
薯类	7.2×10^4	5.4×10^2	3.3×10^1	8.9×10^1	9.0×10^1	3.7×10^3	1.2
果蔬	1.7×10^5	9.7×10^2	7.7×10^1	1.6×10^2	2.1×10^2	8.2×10^3	2.7
肉、鱼、虾	6.5×10^5	2.9×10^3	2.9×10^3	4.7×10^2	8.0×10^2	2.4×10^4	10
鲜奶 *	8.8×10^4	2.4×10^2	4.0×10^1	3.3×10^1	3.3×10^2	2.2×10^3	2.6

注：摘自卫生部卫生监督司（1994）。

*1 千克全脂淡奶粉相当于 7 升鲜奶。

表 4-6　食品中天然放射性物质限制浓度标准

食品	钋 –210 /（贝可 / 千克）	镭 –226 /（贝可 / 千克）	镭 –223 /（贝可 / 千克）	天然钍 /（毫克 / 千克）	天然铀 /（毫克 / 千克）
粮食	6.4	1.4×10^1	6.9	1.2	1.9
薯类	2.8	4.7	2.4	4.0×10	6.4×10^{-4}
果蔬	5.3	1.1×10^1	5.6	9.6×10	1.5
肉、鱼、虾	1.5×10	3.8×10	2.1×10	3.6	5.4
鲜奶 *	1.3	3.7	2.8	7.5×10^1	5.2×10^{-1}

注：摘自卫生部卫生监督司（1994）。

*1 千克全脂淡奶粉相当于 7 升鲜奶。

表 4-7　国际放射防护委员会关于空气中放射性核素容许浓度

单位：3.7×10^{-4} 贝可 / 厘米 ^{3}

放射性核素	容许浓度	放射性核素	容许浓度
锰 – 54	1×10^{-8}	铯 – 134	4×10^{-9}
铁 – 55	3×10^{-7}	铯 – 137	5×10^{-9}
钴 – 60	3×10^{-9}	钋 – 210	7×10^{-11}
锌 – 65	2×10^{-8}	氡 – 222	1×10^{-8}
锶 – 89	1×10^{-8}	钍 – 232	7×10^{-13}
锶 – 90	4×10^{-6}	钚 – 239, 240	6×10^{-13}
碘 – 131	3×10^{-9}		

注：摘自 1977 年日本科技厅告示第 8 号（强亦忠，1990）。

表 4-8　常见放射性核素在露天水源中的限制浓度

放射性核素	限制浓度（3.7×10^{10} 贝可 / 升）
氚	3×10^{-7}
锰 – 54	3×10^{-8}
钴 – 58	3×10^{-8}
钴 – 60	1×10^{-8}
锶 – 89	3×10^{-9}
锶 – 90	7×10^{-11}
碘 – 131	6×10^{-10}
铯 – 134	1×10^{-9}
铯 – 137	1×10^{-9}
钡 – 140	7×10^{-9}
镧 – 140	1×10^{-9}

注：摘自杜圣华等（1992）。

　　图 4-9 是福岛县海产品调查结果：在福岛县，2011 年 4—6 月超过基准值的比例为 57.7%，但事故 1 年后，比例减少了一半。2012 年 4 月以后，重点转移为

对事故后的检测，针对 50 贝可 / 千克以上的鱼种进行持续的调查，超过基准值的比例持续下降，2013 年 10—12 月降至 1.7%。另外，除了试验性捕捞以外，对沿岸渔业、底拖网渔业正在进行自主限制中。

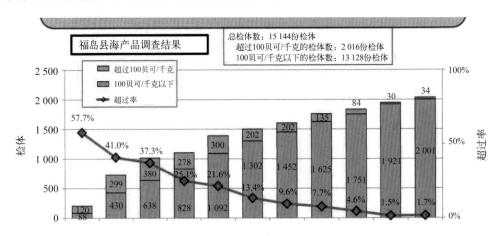

图4-9 日本福岛县海产品放射性调查示意图

来源：日本水产厅报告

3）处理核废物的超级能手—"启明星Ⅱ号"

从核能的利用开始至今，如何处理核（包括核电利用的）废料一直是人类面临的难题，也是核电进一步利用的瓶颈。我国也曾有过一段困惑，在核电工业上，虽然有了"三废"处理的工艺，达标后将废气、废水排入自然环境，固体废料用上述坚硬的玻璃容器收集密封，放置于经过改造而又不易泄露的废矿井，就环境安全而言是可靠的，但这并不是长久之计，随着核工业及核能事业的发展，放射性的固体废物,尤其许多不能再用的燃料会越来越多。就世界最发达的核大国——美国而言，每年要产生 900 吨的核固体废料，至今也积累了 10 万吨的固体废料，只能用粗劣的深埋办法。各个有核国家正在为此感到头痛。经过艰苦的努力，我国科学家首先解决了这个大难题，这就是"启明星Ⅱ号"这个处理核废料超级能手的诞生。

"启明星Ⅱ号"是我国首座铅基核反应堆零功率装置（图 4-10）。它是由中国原子能科学院和中国科学院近代物理研究所历时四年研制成功的。它创新性地采用水堆和铅堆"双堆芯"结构，并于 2017 年 3 月 17 日现场测试达标。所有核废料经过处理之后，95% 可以重复利用。

图4-10 "启明星Ⅱ号"考察装置现场

来源：http://www.impcas.ac.cn/xwzx/kyjz/201612/t20161225_4727510.html

"启明星Ⅱ号"实际上是加速器与反应堆结合的系统。它与核能发电的反应堆有着本质的区别。它的系统是保持在零功率、次临界的状态，不是直接用于发电，而是用于处理核固体废物，变废为宝，更可以把现在大量未开发利用的钍变成可利用的核燃料，也能把无法参与裂变的铀－238变成可裂变的核燃料。因此，"启明星Ⅱ号"被称为"能量放大器"。

（1）何为零功率与次临界？

①反应堆的零功率

功率极低（一般在100瓦以下）的反应堆称为零功率的反应堆或零功率装置。零功率堆的大部分物理性能不随堆的功率高低发生显著变化，结构简单灵活，放射性极低，工作人员易于贴近操作，改变条件就可以进行各种实验研究。

②反应堆的次临界

对于核电站而言，如果一个反应堆中的所有原子核吸收 N 个中子，放出 M 个中子（M 一定是大于 N），这 M 个中子，有的被冷却剂吸收，有的被控制棒吸收，有的被毒物吸收，有的损耗，最后剩下的还能再一次被原子核吸收的数

目仍是 N 个，这就称为"临界"。

只有达到这种状态，裂变才能连续、稳定地进行下去；如果最后剩下的中子小于 N 个，那就是次临界，反应堆就慢慢停下来，达不到发电的要求；如果最后剩下的中子大于 N 个，那就是超临界，就会发生事故。

总之，反应堆内的中子产生率和消失率之间要保持严格的平衡，才能使链式反应得到恒定的速率，持续地进行工作。达不到平衡就难以发电，超过平衡，核电就要发生事故。

（2）"启明星Ⅱ号"，即"能量放大器"工作原理

要把核电站的原燃料等固体核废物、不能做核燃料的钍、不能自行裂变的铀 – 238 等变成可用的核燃料，需要大量的中子去轰击它们。原子核里含有丰富中子的金属是铅、汞。据资料记载，铅有 208 个核子，其中就有 128 个中子，利用质子加速器，把水中的氢质子加速去撞击铅靶，这就是水堆 + 铅堆——"双堆芯"的创新效果。

科学家们计算，平均 1 粒质子撞在铅靶后能产生 20 ~ 30 个中子。1 粒质子撞击铅靶产生的中子至少能让 5 粒钍原子变成可裂变的铀原子，1 粒铀原子裂变会产生大约 200 兆电子伏的能量。

总之，使用一定能量去加速质子并让其轰击铅靶，从而产生大量中子，继而就可将大量的固体核废物、钍和铀 – 238 变成可用的核燃料时，得到的能量大大多于所耗费的能量。这就是"能量放大器"的本领。

"能量放大器"又被称为"加速器驱动次临界反应堆"，简称 ADS。所谓 ADS 就是加速器和反应堆的结合体。它与核电站有本质的不同。

（3）ADS 与传统反应堆相比，其潜在的优点

①本征安全性

因为 ADS（加速器驱动次临界反应堆的驱动系统是保持在零功率次临界状态），只要把加速器断电，外部中子就瞬间消失，反应堆便可在毫秒级的时间内停堆，堆内的余热不会使反应堆产生连锁反应。由于之前反应堆已处于次临界状态，现在停止中子供应，其安全性必然更高于次临界状态。

②用途广泛

从长远来看，加速器产生大量中子可将钍变成核燃料，而钍的蕴藏量是铀的 3～4 倍；ADS 更可以将 99.27% 的铀 – 238 变成可裂变的钚。

从近期来看，ADS 可"焚烧"放射性废物。把半衰期高达数十万年的放射性废物变成几百年的短寿命废物，又将短寿命废物变成裂变产物，并伴随着用于发电。

③为人造太阳氘氚聚变提供原料

氘氚聚变的氘可从海水中提取，但氚的获取就相当难，因为它的半衰期短，只有 12.3 年，难以储存。ADS 的质子加速器可较为廉价地生产氚，而且可以边生产边利用，不必为储存氚而苦恼，性价比高。

4.2 核医学

核医学是采用核技术来诊断、治疗和研究疾病的一门新兴学科，是放射性应用的另一个新领域。它是核技术、电子技术、计算机技术、化学、物理学和生物学等现代科学技术与医学相结合的产物。核医学可分为两类，即临床核医学和基础核医学，或者称实验核医学。

核医学，又称原子医学，指放射性核素由加速器产生的射线束及放射性核素产生的核辐射在医学上的应用。在医疗上，放射性核素及核辐射可用于诊断、治疗和医学科学研究；在药学上，可以用于药物作用原理的研究、药物活性的测定、药物分析和药物的辐射消毒等方面。

4.2.1 核医学的分类

4.2.1.1 临床核医学

临床核医学与临床各科紧密结合又相互渗透。临床核医学，按器官或系统又可分为血液核医学、神经核医学、儿科核医学和治疗核医学等。20 世纪 70 年代以来，由于单光子发射计算机断层和正电子发射计算机断层技术的发展，以及放射性药物的创新与开发，使核医学显像技术取得突破性进展，它和 CT、核磁共振（图 4-11）、超声波技术等相互补充，彼此印证，极大地提高了对疾病诊断和研究的水平。放射性核医学显像是近代临床医学影像诊断领域中一个十分活跃的分支和重要组成部分。

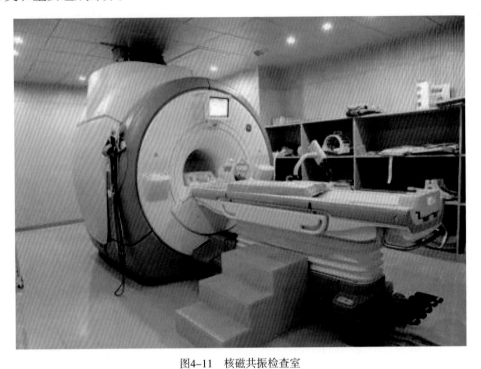

图4-11　核磁共振检查室

来源：http://dy.163.com/v2/article/detail/E8IBK3EK0514CFU0.html

临床核医学是利用开放型放射性核素诊断和治疗疾病的临床医学学科，由诊断和治疗两个方面组成。诊断核医学包括以脏器显像和功能测定为重要内容的体内诊断法，以及以体外放射分析为主要内容的体外诊断法。治疗核医学是利用放射性核素发射的射线对病灶进行高度集中照射治疗。

4.2.1.2　实验核医学

实验核医学是利用核技术探索生命现象的本质和物质变化规律，已广泛应用于医学基础研究，其内容主要包括核衰变测量、标记、示踪、体外放射分析、活化分析和放射自显影。

4.2.2 核医学的应用

4.2.2.1 同位素诊断

核医学的诊断方法具有灵敏、简便、安全、无损害等优点，用途非常广泛，几乎所有组织器官或系统的功能检查都可应用。最常用的同位素诊断分为三类。

1）体外脏器显像

有些同位素试剂会选择性聚集到人体的某些组织或器官，以放射性γ射线的同位素标记这类试剂，将该试剂给患者口服或注射后，利用γ照相机等探测仪器，就可以从体外显示标记试剂在体内的分布情况，了解组织器官的形态和功能。例如，硫化锝胶体经注射进入人体血液后，能被肝脏的枯氏细胞摄取，探测仪器可在体外的记录仪显示出肝脏放射性物质的分布，从而可判断肝脏的大小、形态和位置，肝脏是否正常，有无肿块，等等，这种检查已成为肝癌诊断不可缺少的方法。目前，脏器显像已广泛用于肝脏、心、脑、肾、肺等主要器官组织、器官的形态和功能检查。

同位素脏器显像，不但反映脏器形态，而且可显示脏器的生化或生理功能。例如，肝闪烁图反映肝细胞吞噬功能，脑闪烁图反映血脑屏障的功能，肺扫描则反映肺灌注或通气功能。闪烁照相还能对某一器官连续摄影，使医生能够对器官的功能和病况变化进行动态观察。

发射计算机断层仪是体外显像的一种先进工具，它可灵敏地观察到同位素在人体任意平面的分布，也可以通过许多断层影像重现三维形象。采用适当标记试剂时，连闭上眼睛所引起的脑中一定区域内血流量或葡萄糖代谢的细微变化，都可用此种仪器测定出来。它在早期诊断疾病方面很有发展前途。

2）体外放射分析

用竞争放射分析这种超微量分析技术可以准确测出血、尿等样品中含量小于1～10微克的激素、药物、毒物等成分。用这种方法确定的具有生物活性的物质可以达到数百种。我国曾把这种技术用于妊娠早期检查、献血者肝炎病毒检测、肝癌普查等。另外，还可以通过中子活化，分析出头发、指甲、血和尿等样品中的各种微量元素，用来诊断微量元素异常所引起的一些疾病。

3）脏器功能测定

主要是用同位素方法测定器官功能，例如，测定甲状腺摄取离子的数量和速度，以检查甲状腺功能状态。在注射碘－131－邻碘马尿酸后，用探测仪器可同时记录两侧肾区放射性起落变化曲线，以检查两侧肾脏血流情况、肾小球分泌功能和输尿管通畅程度。在注射铬标记的红细胞后，测定血中放射性消失的速度，以查出红细胞寿命。

4.2.2.2　射线治病

核射线有杀伤细胞的能力。用放射性碘治疗甲状腺功能亢进，是内服同位素疗法中最成功的例子。碘－131 的 β 射线，可有效地将甲状腺组织破坏，等于进行一次无刀手术。磷－32 常用于治疗真性红细胞增生症。还可采用放射性磷、放射性锶等核素敷贴疗法治疗血管瘤、湿疹、角膜炎症等浅表部分的皮肤病和眼科病。此外，放射性钴治疗仪、电子加速器、电子感应加速器、直线加速器等外照射治疗，已成为治疗恶性肿瘤的重要手段，在癌症治疗中所占的比重高达 70% 左右，而且遍及癌症的绝大部分病种。

4.2.2.3　中子治疗

1932 年，詹姆斯·查德威克发现中子后，1935 年 H. J. 泰勒又发现放射性硼－10 会捕捉中子，发生核分裂，产生锂核和高能的氦核，这个反应称为中子捕获。当此现象发生在生物组织中，氦核数会在相当短的距离内（5 ~ 9 微米，约等于人体细胞的半径）将能量释出。20 世纪 50 年代，美国开始有人利用这种特征开发癌症治疗方式。理论上只要能合成会被癌细胞大量摄取的硼化物，再以中子射线引发癌细胞中硼－10 的裂变产生能量，如此便可精准地杀死癌细胞，并几乎不涉及周边的正常组织。这种以硼－10 核分裂为基础的中子捕获治疗，称为"硼中子捕获治疗"（Boron Neutron Capture Therapy，简称 BNCT）。图 4–12 为日本南东北 BNCT 研究中心设施示意图。

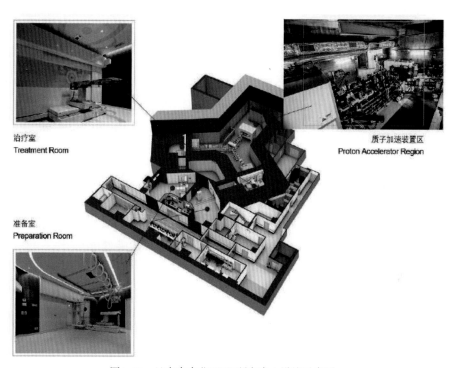

治疗室
Treatment Room

质子加速装置区
Proton Accelerator Region

准备室
Preparation Room

图4-12　日本南东北BNCT研究中心设施示意图

来源：http://blog.sina.com.cn/s/blog_53833e7f0102xh7j.html

　　硼中子捕获治疗的发展有三个要件：首先，合成出癌细胞亲和力强的含硼10化合物；第二，由于中子在生物体内的穿透力有限，必须找到适合此类治疗的癌细胞种类；第三，必须要有足够功率的核反应堆或中子加速器作为中子射线的来源。

　　BNCT的原理是利用发生在肿瘤细胞内的核反应摧毁癌细胞。由于同时需要中子源和硼，因此，BNCT是一种二元化治疗肿瘤的新方法。它的基本过程分为两个阶段，首先，在肿瘤细胞内聚集足够量的稳定性核素硼，即将一种含硼的化合物引入患者体内，这种化合物与肿瘤细胞有很强的亲和力，进入体内后迅速聚集于肿瘤细胞内，而在其他的正常组织中分布很少，然后再用中子束照射肿瘤部分，使中子与肿瘤细胞内聚集的硼发生硼（中子、α射线）锂核反应。硼捕获中子后，形成同位素硼，硼迅速分裂为重离子锂和α射线，肿瘤细胞被α射线和锂照射而死亡。

1）中子源

目前，用于 BNCT 的中子源主要有以下三种：

（1）核反应中子源。由于反应堆可以提供高通量的中子，所以受到各国研究人员的重视。目前，欧美一些国家已经投入使用的 BNCT 系统用的大都是反应堆中子源。

核反应，是指原子核与原子核，或者原子核与各种粒子（如质子、中子、光子或高能电子）之间相互作用引起的各种变化。在核反应的过程中，会产生不同于入射弹核和靶核的新原子核。因此，核反应是生成各种不稳定原子核的根本途径。

（2）基于加速器的中子源。基于加速器的中子源可以在医院得到利用。这种加速器中子源除了可以避免反应堆复杂的安装问题，在提高患者的治疗效果方面也有很大的潜力，这种中子源利用质子加速器射出的质子和低原子序数物质反应得到中子。

（3）自发裂变中子源。目前各国研究的自发裂变中子源主要是锎。因为这种原子体积小，使用方便，正受到各国重视。

2）含硼化合物

适用于硼中子捕获治疗的含硼化合物应具备四个重要特征：对人体毒性低，对正常细胞的亲和力低，对癌细胞的亲和力高（最好可达正常细胞的 3 倍以上），能被人体迅速从正常细胞和血液中移除。目前，只有两种含硼化合物应用在临床试验。

3）研究现状

硼中子捕获治疗系统目前主要应用于治疗脑胶质瘤和黑色素瘤。脑胶质瘤是对病人威胁很大的一种恶性肿瘤。患这种瘤的病人多为青壮年，平均存活不到半年。由于肿瘤形状复杂，像树根一样长在大脑中，运用手术、化疗、放疗等常规方法治疗效果很差。BNCT 治疗脑胶质瘤，病人 5 年存活率可达 58%。而用手术、化疗、放疗等常规治疗方式，病人 5 年存活率还不到 3%。BNCT 已被证实是目前治疗脑胶质瘤的最好方法。

目前正在开展临床试验的还有美国于 1994 年就开始的 BNCT 的临床试验。麻省理工学院对 22 例多形性胶质母细胞瘤患者进行了 BNCT 治疗；Brooknaven 国家实验室对 54 例患者进行了治疗。荷兰 1997 年开始进行 BNCT 的临床试验，至今已治疗 10 余例患者。治疗多形性胶质母细胞瘤的一期临床试验，2018 年已进入第二期临床试验阶段。日本和美国还分别对 30 例和 5 例黑色素瘤患者进行了治疗，也取得了非常好的疗效。此外，澳大利亚、瑞典等 30 多个国家和地区正在开展 BNCT 的实验研究。

4）应用现状

硼中子捕获治疗是当前国际最前沿的抗癌治疗技术。2019 年，已开展 BNCT 工作的国家有日本、美国、俄罗斯、英国、德国、法国、荷兰、匈牙利、澳大利亚、中国等 20 多个国家。

开始是治疗脑胶质瘤、黑色素瘤，现在已扩大了治疗的范围，如头颅部肿瘤、恶性脑膜瘤、骨肉瘤，并试治肝癌、肺癌、胰腺癌、前列腺癌、乳腺癌等其他器官肿瘤。我国的南京、苏州、厦门、北京、西安等地都陆续开建 BNCT 治疗中心，并于近期开始营业治疗。

5）BNCT 的五大优点

（1）靶向爆破肿瘤

硼化合物进入人体后主要流向肿瘤细胞组织而聚集，很少聚集在正常组织细胞，前者与后者聚集量的比值约为 3∶1；当中子被硼捕获时，就不会或很少伤及正常组织细胞，这样中子就有可能实现靶向爆破肿瘤。

（2）细胞级杀伤力

当热中子照射肿瘤部位时，中子就和聚集在癌细胞的硼接触并发生核反应，产生了 α 粒子和锂粒子，其速度慢、电离密度大、穿透的距离很短（小于 10 μm，大约相当于一个细胞直径的距离）。而它对癌细胞的杀伤力特大，其杀伤效果远高于光质化疗和质子放疗，所以能实现细胞级的杀伤力。

（3）治疗肿瘤的种类广

放疗一般用 X 射线、γ 射线、质子、重离子，主要用于外照射治疗，其针对的是块状的肿瘤，未发生扩散和转移的局部肿瘤。化疗其药物主要用于系统性治疗，针对免疫系统肿瘤。BNCT 对于已扩散或转移的肿瘤具有更好的治疗效果。总之，对于适应性而言，放疗、化疗适应范围较小，适应种类的顺序：BNCT> 质子、重离子 > 光子。

（4）固有的安全性好

① BNCT 常用的含硼化合物，在治疗用量上均不具有生物毒性，亦不带放射性。

②单纯的热中子照射，治疗剂量小，即便照射 1 小时，也比人体经放疗一次的照射剂量少，安全性高。

③没有危害性的残留，即当含硼药物与热中子束分开时，对病人就没有任何意义上的杀伤力。

④当硼吸收到热中子束时，产生核反应的范围是细胞级的，即局限在一个细胞范围内，治疗剂量的输送相当精确，既达到治疗效果又无副作用。

（5）体积小，成本低

BNCT 使用的质子加速器，只需将质子能量加速到 2.5 兆 ~ 30 兆电子伏特即可，而一般的质子加速器则需要将质子能量加速到 200 兆电子伏特左右。相比质子、重离子等治疗设备，加速器 BNCT 设备体积小巧。

目前，在国内建一座质子治疗中心成本约为 3 亿 ~ 4 亿元；建一座重离子治疗中心成本约为 10 亿 ~ 20 亿元；而建一座 BNCT 治疗中心成本约为 2 亿 ~ 3 亿元，设备成本约为 1 亿元。

4.3 辐照加工

4.3.1 辐照加工概况

利用放射性产生的 γ 射线照射食品和用品，以达到灭菌清毒、延长货物的保存时间，或利用射线对材料改良性能等一类的照射加工过程，称为辐照加工（图 4-13）。

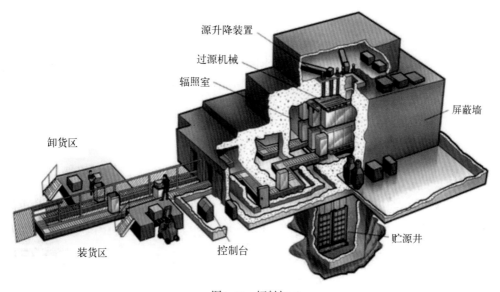

图4-13　辐射加工

来源：https://www.xianjichina.com/baike/detail_1384.html

辐照加工有着广泛的应用，它能与国民经济中的各行各业相结合，形成新产业，或形成新的经济增长点。目前消毒灭菌的方法很多，例如，热力消毒法、化学药剂消毒法、紫外线消毒法、微波消毒法、超声波消毒法、电离辐射灭菌消毒法等。其中最主要的有以下三种：①高温高压（压力蒸汽灭菌）法；②气体熏蒸（环氧乙烷）法；③电离辐射法。

高温高压法是最老旧的消毒法，主要缺点是灭菌不彻底，不适用于那些对热敏感的材料，如塑料、橡胶制品等。这种方法消耗大量的能源，不能连续作业，无法大批量生产，是一种原始、落后的方法。

气体熏蒸方法是用化学物质的气体对被灭菌的物品进行熏蒸，主要使用的化学物质是环氧乙烷、溴甲烷等。比前一种方法有了较大的进步，能大批量生产，灭菌较彻底。但是这种方法的缺点有很多：工艺参数控制较难，不能连续生产，包装材料必须是能透气又不能染菌；被灭菌的物品中尚有死角；物品中有化学残留，这些消毒的化学气体是致癌物质。

辐照加工就是一种电离辐射方法，其利用穿透力很强的加速器电子流或放射性核素的 γ 射线对被照射物质（包括细胞）的电离作用，达到灭菌、除虫消毒、改善材料性能、产品保鲜保质、三废处理的良好效果。辐照加工被誉为人类加工技术的第三次革命。它具有以下优点：①工艺简单，容易控制；②节约能源，加工效率高，能源消耗少，只有热加工和化学加工的 1/40 至 1/200，是冷冻方法的 1/20；③无环境污染，无化学药物残留，不损坏产品的外观品质和内在特性；④可带包装加工，过程不带入任何杂质；⑤不改变被加工物质的温度。辐照加工又被称为冷加工。

辐射加工产业发展迅速，北美、欧洲、南美甚至比较落后的非洲都相继有不少辐照装置投入使用，年产值高达数千亿美元。例如，美国在 20 世纪 90 年代中期产值已超过 2 000 亿美元，为核电（730 亿美元）的 3.5 倍，占美国 GDP 的 3.9%。据 2003 年 9 月 7 日到 12 日，在美国芝加哥召开的第 14 届国际辐照加工年会提供的信息。在此年会之后各行业辐照加工的占比份额为食品辐照 45%、烟道处理 7%、药品 4%、医疗保健用品灭菌 21%、聚合物改性 6%、仿形部件 2%、包装材料灭菌 11%、天然植物化学功能食品 5%。

在辐照加工业中，辐照食品发展更为迅速，20 世纪 40 年代以前开始食品的辐照研究，70 年代证明了辐照食品的卫生安全性，80 年代各国开始建立规程、法规、标准，90 年代商业化和国际贸易取得进展，国际上每年加工的辐照食品量超过 10×10^4 吨。现在有近 40 个国家的大约 50 多种辐照食品得到共同承认。美国已实现了商业规模的辐照储粮。

我国辐照加工业具有较好的技术基础。近几十年来在改革开放的大环境下，产业化进程发展较快，年均以 20% 的速度增长。我国的食品辐照研究始于 1958 年。1984—1994 年，共批准 18 种辐照食品。2002 年 3 月开始执行国家质检总局批准的 17 个产品的辐照加工工艺标准；同年，农业部成立辐照产品质量监督检验测试中心，逐渐与国际接轨，把辐照食品纳入法治管理轨道。目前，我国已成为世界上最大的辐照食品生产国之一，至 2002 年辐照食品就达 10×10^4 吨。

4.3.2 辐照加工应用

4.3.2.1 辐照食品

辐照食品是辐照加工业的一大方面，加工的目的是利用射线对被照物质的作用，实现除虫灭菌、抑制根茎类植物发芽、延长成熟度、保持食品的鲜度和卫生、延长货架和储藏期，从而减少损失、保存食品（陈其勋，1998）。

1980年，联合国粮农组织、世界卫生组织、国际原子能机构的联合专家委员会确定，平均总剂量不超过10千戈辐照任何食品均是安全的，不存在毒理学的危害，不需再对辐照食品进行毒理学试验。此后，美国、日本、荷兰、比利时、匈牙利、英国、南非，以及我国都陆续开展食品辐照。世界各国已批准上市的辐照食品，有以下门类：

①抑制发芽类：土豆、洋葱、大蒜、豆类、花生、蘑菇等。

②灭菌杀虫类：谷类、豆类、辛料、调味品、杏仁、香肠等食用干制品，冻虾、蛙肉、包装鸡鸭。

③果蔬保鲜类：苹果、荔枝、柑橘、草莓、番茄、蔬菜、禽畜，以及水产养殖、宠物等动物饲料的辐照灭菌、消毒保鲜。

4.3.2.2 辐照食品的安全性

为了确定辐照食品的安全性，人们围绕四个方面开展研究工作：放射学安全、微生物安全、毒理学安全和营养平衡性。研究表明，辐照食品不可能直接被放射性污染，也不可能在食品中产生感生放射性，即活化产物。美国军方曾做过实验，16百万伏的能量诱发的原生放射性可以忽略，而辐照食品的辐照源能量都在10百万伏以下。美国农业科学与技术委员会于1989年作出推断，1千戈剂量照射在每千万万个化学键中，断裂的键还不到10个，比例非常小。断裂键尽管比例小但效果非常明显，食品辐照处理时，射线可以通过包装和冻结层杀死食品表面和内部的微生物、害虫、寄生虫，都没有任何残留物。与辐照食品开始试验的同时，许多国家也开展了相应的毒理学试验。1983年，我国某部队开展了辐照香肠、牛肉、猪肉、禽肉的毒理学人体试验，辐照剂量为8千戈，食用3个月的试验表明，对人体生理、生化、致突变等指标无明显改变，对人体无毒理学损伤。此后，对学生自愿参与的毒理学试验，也得到了相同结论。研究表明，在 10 千戈的记录下，辐照食品的物质、常量营养成分如蛋白质、碳水化合物、脂肪等都没有产生能察觉得到的影响，甚至 50 千戈的消毒剂量对常量营养成分的损伤也很小。虽然维生素对辐照比较敏感，但损失也是很小的，这种损失在传统的消毒方法中也是常有的。

辐照剂量超过 10 千戈必须做毒理学试验，成功之后，食品投放市场也需经过政府相关部门的严格审批。

4.3.2.3 辐照医疗保健用品

截至 2018 年，全国 52 个厂家对 148 类不同品种的出口医疗保健产品进行辐照，主要门类有以下 5 类。

①医疗器械：手术器械、手术衣、手套、帽、口罩、注射器、输血器、血浆分离器、血液灌器、心血导管、导尿管、骨髓内针等；

②医用辅料：纱布、脱脂棉球、产妇卫生巾等；

③中草药、西药、保健品、中药（各种中草药、原料粉、药膏、散剂、丸剂、片剂、胶囊、口服液），各类保健品。

④化妆品类：滑石粉、石母粉、化妆盒、化妆刷、毛刷、面膜、各种膏妆。

此外，还有一些日用品：玩具、服装、竹制品、木制品、卫生纸、纸尿裤、工艺品、玻璃变色、宝石着色等。

4.3.2.4 辐照化工应用

利用射线辐照高分子材料制品，可以使其性质改变并为我所用。辐照化工的工艺特点是，可在常温、常压、无催化剂条件下进行，反应速度快，反应过程容易控制，有利于简化工艺过程，适宜多品种、性质特异的产品生产。目前，辐照化工领域发展最快的是生产热收缩材料，又称高分子"记忆"材料，即这种被照射过的材料，在受热后，会"记忆"起扩张前原来的形状并重新收缩恢复原样。其特点是加热收缩后不仅仅包在物体外面，而且具有绝缘、防潮、密封、热稳定、抗老化、耐磨损等作用。这种材料成品已经在各种工程上得到普遍使用，产品主要集中在通信电缆附件和电力电缆附件，在航空航天、通信、油田、核电、电子等领域更具独特优势。

4.3.2.5 三废的辐射处理

维护生态平衡，改善人类的生活环境质量，有效地控制环境污染，是目前世界关注的焦点。电离辐射作为治理废水、废气与污泥的先进手段，在西方发达国家已进行了几十年的研究，取得了明显效果。在我国电力工业中，火力发电约占65%，特别是由于煤炭质量不高，燃烧时有大量的二氧化碳和氮氧化合物排放，用化学办法处理投资大，且处理不彻底；而采用辐射技术，则可为控制燃烧废气污染提供一种有效的办法。其原理是，烟道气体在加速器电子束照射下，与氨气发生辐射化学反应，使废气中的二氧化硫和氮化物转变成硫铵和硝铵，既达到了脱硫、脱硝的目的，又可变废物为肥料，这是工业化发展很有前景的项目。

三废处理的另一个方面是，通过射线照射高分子材料制成的吸附剂，可以提高吸附剂的穿透容量，提高和改善吸附剂的吸附性能，有效吸附废水中的重金属毒物，如汞、铬、镉、银、铅、铜等。

4.4 射线探伤

像使用 X 射线、CT、核磁共振检查人体内是否存在病变一样，用射线照射机器设备探查其内部是否存在瑕疵、缺陷，这种做法就是射线探伤。

在工业、交通等领域有着许多设备，这些设备质量如何，有许多缺陷从外观是看不到的，尤其是对于某些固定安装的设备，其质量是百年大计，若一旦安装后才发现质量有问题，其损失就太大了。所以，对所用的工业生产、交通设备，在投入安装、使用前都应进行设备探伤。

作为五大常规无损检测方法之一的射线探伤，在工业上有着非常广泛的应用，它既用于金属检查，也用于非金属检查。对于金属内部可能产生的缺陷，如气孔、针孔、夹杂、疏松、裂纹、偏析、未焊透和熔合不足等，都可以用射线检查。应用的行业有特种设备、航空航天、船舶、兵器、水工成套设备和桥梁钢结构等。

4.4.1 射线探伤的基本原理

当强度均匀的射线束穿透被照射物体时，如果物体局部区域存在缺陷或结构存在差异，它将改变物体对射线的衰减，使得不同部位透射射线强度不同，这样，采用一定的检测仪器（例如，射线照相采用胶片）检测透射射线强度，就可以判断物体内部缺陷和物质分布状况等。

射线探伤常用的方法有 X 射线探伤（图 4-14）、γ 射线探伤、高能射线探伤和中子射线探伤。对于常用的工业射线探伤而言，一般使用的是 X 射线探伤和 γ 射线探伤。

图4-14　X射线探伤机

来源：http://www.rhx-ray.com/cn/xwzx/B6E32015354421.html

4.4.2 检查范围

（1）焊缝表面缺陷检查。检测焊缝表面裂纹、未焊透及漏焊等焊接质量。

（2）内腔检查。检查表面裂纹、起皮、拉线、划痕、凹坑、凸起、斑点、腐蚀等缺陷。

（3）状态检查。当某些产品（如涡轮泵、发动机等）工作后，按技术要求规定的项目进行内窥检测。

（4）装配检查。当需要时，可使用工业视频内窥镜对装配质量进行检查，装配或某一工序完成后，检查各零部件装配位置是否符合图样或技术条件的要求，是否存在装配缺陷。

（5）多余物检查。检查产品内腔残余内屑、外来物等多余物。

4.4.3　射线探伤的特点

（1）具有非破坏性。射线在做检测时不会损伤被检测对象的整体结构及其使用性能。

（2）具有全面性。由于检测是非破坏性，因此必要时可对被检测对象进行100%的全面检测，这是破坏性检测办不到的。

（3）具有全程性。破坏性检测，一般只对原材料进行检测，如机械工程中普遍采用的拉伸、压缩、弯曲等，破坏性检测都是针对制造用原材料进行的，对于成品和用品，除非不准备继续使用，否则是不能进行破坏性检测的。而射线检测因不损伤被检测对象的性能，所以它不仅可以对制造原材料、中间工艺环节，直至最终的产品、成品进行全程检测，也可对服役中的设备进行检测。

总之，放射性的广大神通表现在核技术的利用。核技术利用分为密封放射源（亦称非开放型放射性）、非密封放射源（亦称开放型放射性）和射线装置在医疗、工业、农业、地质调查、科学研究和教学等领域中的使用。

我国核技术利用大体上经历了 20 世纪 50 年代开创、60 年代应用开展和80 年代以来全面发展三个历史阶段。特别是 90 年代以后，核技术的应用步入了商业化进程，已初步形成具有一定规模和水平的较完整的体系，在工业、农业、医疗及科研等各个领域获得越来越广泛的运用，推动了我国国民经济的建设和发展。

在这些利用中，主要是利用射线的贯穿本领和对物质原子的电离本领，以及放射性的标记作用。如利用钴 - 60 的高能辐照细菌和加工；利用镅 - 241 射线测量工件厚度；利用碘 - 125 同位素进行医学免疫分析；利用直线加速器放射（俗称 γ 刀）治疗癌症；利用 X 射线、γ 射线进行无损检测，核技术火警预报等；利用同位素示踪开展科学研究。

本章节的例子只是核技术应用的冰山一角，说明了放射性服务于人类社会的有益之处。

4.5 在应用中做好防护工作

关于射线对人体及某些重要部位可能产生的危害与效应,笔者整理归纳于表4-9至表4-10,以供社会大众在防护工作中了解与参考。

4.5.1 急性效应

表4-9、表4-10所示为核辐射射线对人体可能产生的危害和急性效应。

表4-9 核辐射的危害

单位:毫戈

剂量	症状
> 4 000	死亡
2 000 ~ 4 000	骨髓、骨密度受破坏,红、白细胞极度减少、内出血、呕吐、腹泻
1 000 ~ 2 000	疲劳、呕吐、食欲减退、暂时性脱发、红细胞减少(不可恢复)
100 ~ 500	没有疾病感觉,但白细胞减少
< 100	对人体没有危害

表4-10 全身急性照射可能产生的效应

单位:戈

受照剂量	临床症状
0 ~ 0.25	无检出症状
0.5	淋巴细胞和白细胞减少
1.0	恶心、疲劳,剂量达1.25戈以上时,20% ~ 25%的人发生呕吐、血象有显著变化、可能导致轻度急性放射病
2	受照2小时内出现恶心、呕吐、毛发脱落、厌食、全身虚弱、喉炎、腹泻等症状。以往身体健康者,短期内可恢复
4(半致死剂量)	受照后几小时内发生恶心、呕吐,潜伏期约一周;2周内见毛发脱落、厌食、全身虚弱、体温增高;第3周出现紫斑、口腔及咽部感染;第4周出现脸色苍白、鼻血、腹泻、消瘦。50%个体死亡,存活者6个月内可逐渐康复
≥6(致死剂量)	受照1 ~ 2小时内恶心、呕吐、腹泻。潜伏期短,口腔咽喉发炎、体温增高、消瘦。第二周100%死亡

4.5.2 晚期慢性效应

受照后晚期慢性效应主要是发生癌变、白血病，以及寿命缩短（表 4-11）。

表4-11 广岛、长崎距原子弹爆炸投放点2千米内受害人员

（数年后）甲状腺癌发生率

剂量 / 戈	男性		女性	
	调查人数	发生率 / %	调查人数	发生率 / %
72	740	4.1	1 100	9.1
0.5 ~ 1.99	789	2.5	1 332	6.8
0 ~ 0.49	928	1.1	1 806	2.8

4.5.3 相关防护标准

国际放射防护委员会（ICPP）制定的相关人员受照剂量如表 4-12 所示。

表4-12 国际放射防护委员会关于放射性职业人员和公众个人剂量限制 *

单位：毫希

受照部位		职业放射性工作人员	公众个人
器官分类	名称		
第一类	全身、性腺、红骨髓、眼晶体	50	5
第二类	皮肤、骨、甲状腺	300	30
第三类	手、前臂、足、踝	750	75
第四类	其他器官	150	15

* 包括内外照射剂量当量，不包括天然本底和医疗照射。16 岁以下人员甲状腺限制剂量当量为 15 毫希。

结束语

2019 年 9 月 3 日，我国发表首部核安全白皮书——《中国的核安全》。

国务院新闻办公室发表《中国的核安全》白皮书

来源：http://www.scio.gov.cn/ztk/dtzt/39912/41587/index.htm

白皮书里指出，原子的发现和核能的开发利用，给人类发展带来了新的动力，极大增强了人类认识世界和改造世界的能力。同时，核能发展也伴生着安全风险和挑战。人类要更好利用核能、实现更大发展，必须应对好各种核安全挑战，维护好核安全。

白皮书里回顾了 70 年来，我国核事业从无到有，持续发展，形成了完备的核工业体系，为保障能源安全、保护生态环境、提升人民生活水平、促进经济高质量发展做出了重要贡献。我国始终把保障核安全作为重要的国家责任，融入核能开发全过程，始终以安全为前提发展核事业，按照最严格的标准实施监督管理，始终积极适应核事业发展的新要求，不断推动核安全与时俱进，创新发展，保持了良好的安全记录，走出了一条中国特色核安全之路。

白皮书强调，中国特色社会主义事业进入新时代，中国核事业进入了安全高效发展的新阶段，中国核事业进入了高质量高水平发展的新时期。中国将在习近平新时代中国特色社会主义思想的指引下，秉持理性、协调、并进的核安全观，履行维持核安全的使命，强化确保公众健康和环境安全的宗旨意识，以人民为中心保障核事业安全、健康、可持续发展，促进经济繁荣，惠及国计民生。

参考文献

蔡福龙, 1998. 海洋放射生态学[M]. 北京：原子能出版社, 18–37.

蔡福龙, 2011. 理性看待日本福岛核泄漏事故[N]. 厦门日报（2011–03–26）.

曹明奎, 陶波, 李克让, 等, 2003. 1981—2000年中国陆地生态系统碳通量的年际变化[J]. 植物学报：英文版, 45(5): 552–560.

陈其勋, 杨麒麟, 杨成明, 等, 1998. 中国食品辐照进展[M]. 北京：原子能出版社.

杜圣华, 等, 1992. 核电站[M]. 北京：原子能出版社.

国家环境保护局, 1997. 海水水质标准：GB 3097—1997[S].

郭占荣, 黄磊, 刘花台, 等, 2008.镭同位素示踪隆教湾的海底地下水排泄[J]. 地球学报, 029(005): 647–652.

郭占荣, 黄磊, 袁晓婕, 等, 2011. 用镭同位素评价九龙江河口区的地下水输入[J]. 水科学进展, (01): 120–127.

李长生, 肖向明, Frolking S, 等, 2003. 中国农田的温室气体排放[J]. 第四纪研究, 1(5): 493–503.

廖培涛, 蒋忠诚, 罗为群, 等, 2011. 碳汇估算方法研究进展[J]. 广西科学院学报, (01): 41–56.

林武辉, 陈立奇, 何建华, 等, 2015. 日本福岛核事故后的海洋放射性监测进展[J]. 中国环境科学, 35(1): 269–276.

刘广山, 2010.同位素海洋学[M].郑州：郑州大学出版社, 81–146.

刘广山, 2016. 海洋放射年代学[M]. 厦门：厦门大学出版社.

强亦忠, 1990. 常用核辐射数据手册[M]. 原子能出版社, 105–107.

邱冬生, 庄大方, 胡云锋, 等, 2004. 中国岩石风化作用所致的碳汇能力估算[J]. 地球科学：中国地质大学学报, 29(2): 177–182.

邵广昭, 1998. 海洋生态学[M]. 台北：明文书局.

孙明, 王彬, 李玉龙, 等, 2016. 基于碳氮稳定同位素技术研究辽东湾海蜇的食性和营养级[J]. 应用生态学报, 27(4): 1103–1108.

田育新, 李锡泉, 蒋丽娟, 等, 2004. 湖南一期长防林碳汇量及生态经济价值评价研究[J]. 水土保持研究, 11(1): 33–36.

王希龙, 2017. 我国近海典型区域的海底地下水排放（SGD）及其营养盐通量研究[D].上海：华东师范大学.

卫生部卫生监督司, 1994.食品中放射性物质限制浓度标准：GB 14882—94[S].

温学发, 张心昱, 魏杰, 等, 2019. 地球关键带视角理解生态系统碳生物地球化学过程与机制[J]. 地球科学进展, 34(5): 471–479.

张强, 2012. 岩溶地质碳汇的稳定性——以贵州草海地质碳汇为例[J]. 地球学报, (6): 947–952.

Friedrich J, Rutgers v d L M, 2002 . A two-tracer (210 Po-234 Th) approach to distinguish organic carbon and biogenic silica export flux in the Antarctic Circumpolar Current[J]. deep sea research part i oceanographic research papers, 49(1): 101–120.

Giacobbe F W, 2005. How a Type II Supernova Explodes[J]. Electronic journal of theoretical physics, 2(6): 30–38.

Goldberg, E. D., et al, 1971. Radioactivity in the marine environment[M]. Washington DC: National Academy of Sciences.

Goulden M L , Munger J W , Fan S M , et al, 1996. Exchange of carbon dioxide by a deciduous forest: response to interannual climate variability[J].Science, 1996, 271(5255): 1576–1578.

Hong Q, Cai P, Shi X, et al, 2017. Solute transport into the Jiulong River estuary via pore water exchange and submarine groundwater discharge: New insights from 224Ra/228Th disequilibrium[J]. Geochimicaet CosmochimicaActa, 198: 338–359.

Liu H, Guo Z, Gao A, et al, 2016. O-18 and Ra-226 in the Minjiang River estuary, China and their hydrological implications[J]. Estuarine Coastal & Shelf Science, 173: 93–101.

LiuQ, M Dai, WChen, et al, 2011. How significant is submarine groundwater discharge and its associated dissolved inorganic carbon in a river-dominated shelf system?[J] Biogeosciences, 1777–1795.

Madigan D J, Carlisle A B, Dewar H, et al, 2012. Stable Isotope Analysis Challenges Wasp-Waist Food Web Assumptions in an Upwelling Pelagic Ecosystem[J]. Scientific Reports, 2(9): 654.

Moore W S, 1996. Large groundwater inputs to coastal waters revealed by ra-226 enrichments[J]. Nature, 380(6575): 612–614.

Moore W S, Sarmiento J L, Key R M, 2008. Submarine groundwater discharge revealed by 228Ra distribution in the upperAtlantic Ocean[J]. Nature Geoscience, 1(5): 309–311.

RodellasV, JGarcia-Orellana, PMasqué, et al, 2015. Submarine groundwater discharge as a major source of nutrients to the Mediterranean Sea[J]. Proceedings of the National Academy of Sciences, 112(13): 3926–3930.

SantosIR, NDimova, R N Peterson, et al, 2009. Extended time series measurements of submarine groundwater discharge tracers (222 Rn and CH4) at a coastal site in Florida[J]. Marine Chemistry, 113(1-2): 137–147.

Wang G, Jing W, Wang S, et al, 2014. Coastal Acidification Induced by Tidal-Driven Submarine Groundwater Discharge in a Coastal Coral Reef System[J]. Environmental ence& Technology, 48(22): 13069–13075.

附录：

蔡福龙著述成果

一、专著

1. 蔡福龙，陈文桂，邹汉阳. 放射性污染与海洋生物[M]. 北京：海洋出版社，1983. 1985年获国家海洋局第三海洋研究所科技进步二等奖.

2. 蔡福龙. 核电海域辐射影响评价[M]. 北京：海洋出版社，1992. 1995年获国家海洋局科技进步三等奖.

3. 蔡福龙. 海洋放射生态学[M]. 北京：原子能出版社，1998. 1999年获国家海洋局科技进步三等奖.

二、译著

K. H. 曼. 近岸水域生态学[M]. 蔡福龙，陈文桂，陈英，译. 北京：海洋出版社，1989.

三、科普

1. 蔡福龙，邵宗泽. 海洋生物活性物质:潜力与开发[M]. 北京：化学工业出版社，2014.

2. 蔡福龙，王文辉. 厦门海堤开口与海洋生态修复[N].厦门日报，2010-11-26.

3. 蔡福龙. 理性看待日本福岛核泄漏事故[N].厦门日报，2011-3-26.

4. 蔡福龙. 生物多样性及其保护[N]. 厦门日报，2013-11-30.

5. 蔡福龙.海洋生物活性物质——海洋药物的宝库[N]. 厦门日报，2013-3-30.

6. 蔡福龙，辐照加工业浅议[Z]，厦门科普苑，2009.

注：无标明奖励等级者均未报奖。

7. 蔡福龙，核电——安全而清洁的能源[Z]，厦门科普苑，2009.

四、论文

1. 厦门大学生物物理教研组（蔡福龙，杨高润），福建生物物理研究室. ^{90}Sr在海水水体底质与几种水生动植物间的转移[J]. 原子能科学技术，1961，000(008):408-411.

2. 厦大生物系纤维素酶研究组（黄克服，蔡福龙，林月英）. 蔗渣酶解初步研究[J]. 厦门大学学报（自然科学版），1974，000(001): 69-82.

3. 蔡福龙，吴晋平，陈其焕，杨加东，李平雨，等. ^{60}Co、^{137}Cs在几种海洋生物中浓集问题的初步研究[J]. 海洋学报，1980，2(2): 81-93. 1988年获国家海洋局科技进步二等奖论文.

4. 蔡福龙，陈英，吴晋平，等. ^{60}Co、^{137}Cs在海水及海洋食物链中的转移 I [J].海洋环境科学，1982，1(1). 1988年获国家海洋局科技进步二等奖论文.

5. 蔡福龙，陈英，吴晋平，许丕安. ^{137}Cs、^{60}Co在海洋生物体内的积累与分布[J]. 水产学报，1983，7(1). 1988年获国家海洋局科技进步二等奖论文.

6. 蔡福龙，吴晋平，林义祥，唐森铭. 几种海洋浮游生物对^{60}Co、^{137}Cs的浓集[J]. 海洋环境科学,1983，2(1):28-31. 1988年获国家海洋局科技进步二等奖论文.

7. 蔡福龙.海洋放射生态与核工程[J]. 海洋环境科学，1983，2(2):122-132.

8. 蔡福龙，陈英，许丕安，等. 海水和海洋食物链网传递^{137}Cs、^{60}Co规律的研究[J]. 海洋学报(中文版)，1984(01):72-80. Fulong Cai, Ying Chen, Pian Xu. A Study on Transfer Rule of ^{137}Cs and ^{60}Co in Seawater and Marine Food Web[J]. Acta Oceanologica Sinica, 1984, 02. 1988年获国家海洋局科技进步二等奖论文.

9. 蔡福龙，陈英，许丕安. ^{137}Cs、^{60}Co 沿着扁藻、轮虫、罗非鱼食物链的传递[J]. 海洋学报，1984，5（增刊）: 870-874. Fulong Cai, Ying Chen, Pian Xu. The Transfer of ^{137}Cs and ^{60}Co along the Food Chain of Platymonas Brachionus and

Tilapia[J]. Acta Oceanologica Sinica, 1984, 2. 1988年获国家海洋局科技进步二等奖论文.

10. 蔡福龙、陈英、许丕安. ^{60}Co、^{137}Cs在泥蚶体内的代谢[J]. 海洋学报(英文版)，1984，3(3):433–436. Fulong Cai, Ying Chen, Pian Xu. The Metabolism of ^{60}Co and ^{137}Cs by Arca granosa Linnus[J]. Acta Oceanologica Sinica, 1984, (3):433–436. 1988年获国家海洋局科技进步二等奖论文.

11. 蔡福龙，陈英，许丕安，等. 若干核素在几种海洋生物的生化成分中的分布[J]. 海洋环境科学, 1984(04):5–19. 1988年获国家海洋局科技进步二等奖论文.

12. 蔡福龙，庄栋法，陈英. 厦门海域的放射性水平[J]. 海洋环境科学，1985，4(1):11–17. 1988年获国家海洋局科技进步二等奖论文.

13. 蔡福龙，陈英，许丕安，等. 贻贝作为海区^{60}Co污染指示生物的研究[J]. 海洋学报，1985，7(1):120–128. 1996年获国家海洋局科技进步三等奖论文.

14. 蔡福龙，陈英，许丕安，等. 放射性核素在海水、底质与海洋生物间的转移Ⅰ. 核素进入海水的初始状态[J]. 环境科学学报，1985，5(2):195–200. 1988年获国家海洋局科技进步二等奖论文，1989年获福建省科协优秀论文二等奖.

15. 蔡福龙，陈英，许丕安，等. 放射性核素在海水、底质及海洋生物间的转移 Ⅱ. 生物过程的作用[J]. 环境科学学报，1985，5(3):335–340. 1988年获国家海洋局科技进步二等奖论文，1989年获福建省科协优秀论文二等奖.

16. 蔡福龙，陈英，许丕安，等. 放射性核素在海水、底质及海洋生物间的转移 Ⅲ. 核素在生物体内分布的生态学意义[J]. 环境科学学报，1985，5(4): 429–438. 1988年获国家海洋局科技进步二等奖论文，1989年获福建省科协优秀论文二等奖.

17. 蔡福龙，陈英，许丕安，等. 放射性核素在人工密闭小生境中的转移[J]. 海洋学报，1985，7(5):605–610. 1988年获国家海洋局科技进步二等奖论文.

18. 蔡福龙、陈英、邱曼华，黄凌毅. 乌塘鳢吸收放射性核素的方式[J].海洋通报，1986，2: 41–44. 1988年获国家海洋局科技进步二等奖论文.

19. 蔡福龙，陈英，许丕安，等.扁藻对^{60}Co、^{137}Cs浓集机理初探[J].生态学杂志，1986，5(2):33-36. 1988年获国家海洋局科技进步二等奖论文.

20. 陈英，蔡福龙，邱曼华，黄凌毅.乌塘鳢对^{51}Cr、^{60}Co、^{131}I、^{141}Ce的吸收和积累[J].生态学报，1987，7(2):170-175. 1988年获国家海洋局科技进步二等奖论文.

21. 陈英，蔡福龙，许丕安，等.^{54}Mn在几种海洋生物体内的行为[J].水产学报，1987，11(3):29-35. 1988年获国家海洋局科技进步二等奖论文.

22. 陈英，蔡福龙，邱曼华，许丕安.^{65}Zn在人工海洋小生境中的行为[J].海洋学报，1987，9(3). Ying Chen, Fulong Cai, Manhua Qiu, Pian Xu. The Behaviour of ^{65}Zn in Artificial Marine Microhabitat[J]. Acta Oceanologica Sinica, 1987, 3. 1988年获国家海洋局科技进步二等奖论文.

23. 蔡福龙，陈英，许丕安，等.^{59}Fe在海洋小生境中的行为[J].海洋学报，1988，10(6): 729-734. Cai Fulong,Chen Ying,Xu Pi'an,Oiu Manhua. 1989. The behaviour of ^{59}Fe in marine microhabitat[J]. Acta Oceanologica Sinica, (3):423-429. 1988年获国家海洋局科技进步二等奖论文，1991年获福建省科协优秀论文三等奖.

24. 蔡福龙，陈英，林荣盛，等.福建省沿岸海水中的总β、^{137}Cs强度[J].海洋环境科学，1988，7(1):1-5. 1988年获国家海洋局科技进步二等奖论文.

25. 蔡福龙，陈英，黄凌毅，林荣盛.蛋氨酸在模拟海洋小生境中的行为[J].海洋学报，1988，10(2):212-215. Fulong Cai, Ying Chen, Lingyi Huang, Rongsheng Lin. The Behaviour of Methionine in the Model Marine Habitat[J]. Acta Oceanologica Sinica, 1988,4.

26. 蔡福龙，陈英，许丕安.^{60}Co在人工海洋环境中的行为[J].应用生态学报，1990，1(2):165-171. 1995获福建省科协优秀论文三等奖.

27. 蔡福龙，陈英，林世泳，黄凌毅.对虾各发育阶段对^{90}Sr的吸收[J].生态学报，1990，10(4):379-380.

28. 蔡福龙，陈英，黄凌毅. 贻贝作为海区^{90}Sr污染指示生物的研究[J]. 海洋学报，1990，12(2):261−264. 1996年获国家海洋局科技进步三等奖论文.

29. 蔡福龙，陈英，许丕安. ^{137}Cs、^{134}Cs在人工海洋小生境中的行为[J]. 应用生态学报，1991，2(3):249−257.

30.蔡福龙，陈英，黄凌毅. 若干化学毒物对泥蚶吸收^{45}Ca的影响[J].海洋学报，1991，13(1):91−95.

31. 蔡福龙，陈英，许丕安，等. 若干南极环境样品的放射性[J]. 台湾海峡，1992，11(1):79−83.

32.蔡福龙，许丕安，陈英，等.硕大藨草（*Scirpus grossus linn*）对沉积物中^{90}Sr吸收的研究[J]. 海洋环境科学，1992，11(2):68−70. 1996年获国家海洋局科技进步三等奖论文.

33. 蔡福龙，陈英，许丕安，等. 大弹涂鱼（*Boleophthalmus pectinirostris*）作为放射性核素指示物的研究[J]. 环境科学学报，1992，12(3):282−287. 1996年获国家海洋局科技进步三等奖论文.

34. 蔡福龙，陈英，许丕安，赖招才.用硕大藨草作为河口放射性污染指示物的初步研究[J]. 核技术，1992，15(12):744−748. 1996年获国家海洋局科技进步三等奖论文.

35. 蔡福龙，陈英，许丕安，等. 大弹涂鱼浓集^{137}Cs、^{134}Cs、^{65}Zn、^{60}Co的研究[J]. 海洋环境科学，1992，11(1):1−8. 1996年获国家海洋局科技进步三等奖论文.

36. 蔡福龙，陈英，许丕安，赖招才. 悦目大眼蟹作为海洋放射性污染指示物的研究[J]. 海洋环境科学，1993，12(3-4):15−24. 1996年获国家海洋局科技进步三等奖论文.

37. 蔡福龙，陈英，许丕安，赖招才. 放射性核素的生物指示物及其监测方法研究[J]. 海洋通报，1993，12(3):56−60. 1996年获国家海洋局科技进步三等奖论文.

38. 蔡福龙. 海洋环境中的放射性及其影响[J]. 辐射防护通讯，1993（6）：52-54.

39. 钱鲁闽，蔡福龙，陈英. ^{110m}Ag在对虾和罗非鱼体内的积累与分布[J]. 海洋环境科学，1994，13(1):32-38.

40. 吕维琴，蔡福龙，陈英. ^{110m}Ag在几种海洋生物体内的行为[J]. 海洋环境科学，1995，14(1):26-31.

41. 蔡福龙，林志锋，陈英，等. 热带海洋环境中BHC和DDT的行为特征研究 I.中国珠江口区旱季BHC和DDT的含量与分布[J]. 海洋环境科学，1997，16(2):9-13.

42. 蔡福龙，林志锋，陈英，等. 热带海洋环境中BHC和DDT的行为特征研究 II.中国珠江口区雨季BHC和DDT的含量与分布[J]. 海洋环境科学，1998，17(2):1-7.

43. 钱鲁闽，蔡福龙，林秋明，陈英. 厦门河口港湾区海水中^{90}Sr的行为特征研究[J]. 海洋环境科学，1998，17(2):24-28.

44. 蔡福龙，李少犹，何进金，等. ^{60}Co在厚壳贻贝和毛蚶体内的积累与排出[J]. 海洋环境保护试刊，1977. 供"198"工程使用.1978年被国家海洋局《四学大会》评为优秀科技成果奖资料之一.

45. 蔡福龙，杨加东，李平雨，等. 若干因素对毛蚶摄取^{60}Co，^{137}Cs的影响[J]. 海洋科技，1979(3).

46. 蔡福龙，陈其焕，吴晋平，等. ^{60}Co在黄鳍鲷、三疣梭子蟹体内的积累[J]. 海洋科技，1980(15).

五、学术会议交流论文

1. 黄厚哲，蔡福龙. 低剂量γ-线活体照射对鸭子骨髓细胞核核酸、蛋白质合成效应. 1963.（黄厚哲为蔡福龙导师）.1963年参加第一届全国生物物理学术会交流，摘要收录于会议文摘.

2. 黄厚哲，张锡木，蔡福龙. 低剂量r-线离体照射对鸭子骨髓细胞核核酸、蛋白质合成效应. 1963. 1963年参加第一届全国生物物理学术会议交流，摘要收录于会议文摘.

3. 蔡福龙，吴晋平，陈其焕，杨加东，李平雨等. 海洋生物浓集^{60}Co、^{137}Cs的研究. 1981. 收录于1981年6月中国核学会辐射防护学会第一次学术交流会文集.

4. 蔡福龙，吴晋平，陈其焕，杨加东，李平雨等. ^{137}Cs、^{60}Co在扁藻体内的代谢，1983. 1983年参加第二次中国核学会辐射防护学会交流（编号 4-043）.

5. 蔡福龙. 放射性的研究与开发利用. 1989. 国家海洋局第三海洋研究所成立30周年学术报告会报告.

6. 蔡福龙. 中国沿海环境中^{137}Cs的行为特征，1994. 收录于《台湾海峡及邻近海域海洋科学讨论会文集》，海洋出版社.

7. 蔡福龙，林志锋，陈英等. 珠江口区BHC和DDT的行为特征，1996. 收录于《作物化学保护物在环境中行为特征的国际学术研讨会文集》，IAEA，维也纳.

8. 蔡福龙. 中国沿岸水域的放射性，1996. 收录于《同位素技术在海洋环境研究中应用的国际研讨会文集》，IAEA, 雅典.

9. 蔡福龙，陈英. 利用新技术重振对虾养殖业，1996. 收录于《迈向海洋——福建省加快海洋经济开发研究文集》.

10. 蔡福龙，陈英，钱鲁闽，蔡锋. 珠江口区DDT的行为特征研究——^{14}C-DDT在人工海洋环境中的实验，1998. 收录于《海洋污染国际研讨会文集》，IAEA，摩纳哥.

11. 蔡福龙，陈英. 珠江口区甲基对硫磷的含量与分布，1998. 收录于《IAEA-CRP第五次年会交流》，IAEA，摩纳哥.

12. 蔡福龙，陈英，钱鲁闽，蔡锋. 珠江口区HCB的行为特征——^{14}C-HCB在人工海洋环境中的实验，1998. 收录于《IAEA-CRP 第五次年会交流》，IAEA，摩纳哥.

13. 蔡福龙，陈英，钱鲁闽. 珠江口区环境样品中PCBs的含量，1998. 收录于

《IAEA-CRP第五次年会交流》.

14. 蔡福龙，陈英，蔡锋，钱鲁闽. 极雪水和珠江口区雨水中DDT、HCB含量的比较，1998. 收录于《IAEA-CRP第五次年会交流》，IAEA，摩纳哥.

15. 蔡福龙，陈英，蔡锋，钱鲁闽. 珠江口区狄氏剂的含量与分布，1999. 1999年提交国际原子能机构论文.

16. 蔡福龙. 厦门开展生物医药研发大有希望. 2017. 厦门市老年科学技术协会《医药与大健康》研讨会学术报告.

六、技术资料与报告

1. 蔡福龙. 海洋生物对化学元素的浓集系数，1977. 供"198"工程使用. 1978年国家海洋局《四学大会》优秀科技成果奖资料之一.

2. 蔡福龙，吴晋平，董恒霖，汤平山. 当前渤海沿岸居民水产食谱调查，1977. 供"198"工程使用. 1978年国家海洋局《四学大会》优秀科技成果奖资料之一.

3. 蔡福龙，盛荣宗，李平雨，林汉祖，邱澄宇等. 厦门市核技术的开发利用，1986. "'七五'——二〇〇〇年厦门市科技发展规划"之一.

4. 蔡福龙，利用核技术促进我市经济飞快发展，1986. 发表于《厦门日报》"2000年——我心目中的厦门专栏"（1986.12.6）.

5. 蔡福龙. 从发展蓝色产业谈福建省核技术的应用，1988. 收录于《论福建海洋开发》，福建科学技术出版社出版.

6. 蔡福龙，陈英，许丕安，蔡水源等. "728"工程邻近海域放射性背景值调查研究报告. 1988年通过国家海洋局的验收与鉴定. 1989年获国家海洋局科技进步二等奖.

7. 蔡福龙. 放射性示踪法在海洋生物学研究中的应用，1988. 国家海洋局三所研究生教材.

8. 蔡福龙. 同位素射线技术的应用，1992. 国家海洋局三所研究生教材.

9. 蔡福龙，余兴光，陈英，杨加东. 福建省核电厂厂址环境调查报告，1996.

10. 蔡福龙，余兴光，陈英，杨加东等. 福建核电厂厂址人口调查与评价报告，1996.

11. 蔡福龙，林双淡，陈英，杨清良，杨加东. 福建省核电厂厂址水产资源与海洋生态环境调查报告（资料调研）. 1998年福建省核电办公室通过专家验收.

12. 阮伍奇，郭允谋，陈水土，蔡福龙. 厦门海洋环境保护规划，2006. 厦门市海洋与渔业局组织验收通过.

13. 蔡福龙，卢振彬，郭允谋，陈世杰，陈文桂，郑杰民. 厦门海域生态修复实施方案，2008. 厦门市海洋与渔业局组织验收通过.

14. 蔡福龙，卢振彬，郭允谋，黄自强，陈文桂，陈世杰，黄美珍. 厦门海洋文化系列博物馆建设概念性规划，2010. 厦门市海洋与渔业局组织验收通过.

15. 黄自强，李秀珠，蔡福龙，陈文桂，陈世杰，郭允谋. 厦门市"十一五"期间海洋科技成果分析与评估，2013. 厦门市海洋与渔业局组织验收通过.